INTERNET DATA REPORT ON
CHINA'S SCIENCE POPULARIZATION

中国科普互联网数据报告
2022

钟　琦　王黎明◎著

科学出版社

北　京

内 容 简 介

本书是"中国科普互联网数据报告"系列的第六辑。《中国科普互联网数据报告 2022》着眼于互联网科普的平台化发展，对以"科普中国"为代表的公共平台和以抖音为代表的互联网平台上的科普生态状况进行了深入解读与分析，用数据画像的方式多方位呈现了科普内容、科普创作者、科普用户之间复杂而有序的互动，反映了互联网科普生态的现况与趋势、机遇与挑战。

本书适合科普工作者、研究者以及对相关话题感兴趣的读者参考和阅读。

图书在版编目（CIP）数据

中国科普互联网数据报告. 2022 / 钟琦，王黎明著. —北京：科学出版社，2023.5

ISBN 978-7-03-075427-1

Ⅰ. ①中… Ⅱ. ①钟… ②王… Ⅲ. ①科普工作–研究报告–中国–2022 Ⅳ. ①N4

中国国家版本馆CIP数据核字（2023）第069771号

责任编辑：张 莉 / 责任校对：韩 杨
责任印制：师艳茹 / 封面设计：有道文化

科 学 出 版 社 出版

北京东黄城根北街 16 号
邮政编码：100717
http://www.sciencep.com

北京九天鸿程印刷有限责任公司 印刷
科学出版社发行 各地新华书店经销

*

2023 年 5 月第 一 版 开本：720×1000 1/16
2023 年 5 月第一次印刷 印张：13
字数：190 000

定价：98.00 元

（如有印装质量问题，我社负责调换）

前　言

　　《中国科普互联网数据报告2022》是"中国科普互联网数据报告"系列的第六辑。2022版的报告由中国科学技术协会（以下简称中国科协）科普部统筹、中国科普研究所选题，特别聚焦于互联网科普的平台化发展，对以"科普中国"为代表的公共平台和以抖音为代表的互联网平台上的科普生态状况进行了深入解读与分析，用数据画像的方式多方位呈现了科普内容、科普创作者、科普用户之间复杂而有序的互动。

　　全书内容分为三篇。第一篇聚焦公共科普平台的发展，所用数据主要来自"科普中国"官方和相关的调查问卷。"科普中国"是伴随科普信息化发展形成的"互联网＋科普"品牌，自2014年发展至今已成为国内最权威的科普品牌和最大的科普服务平台之一。该篇报告分别围绕"科普中国"内容生产及传播、科普信息员队伍、公众满意度三个方面分析和刻画"科普中国"的发展状况与趋势。报告的数据既能反映"科普中国"平台建设所取得的成效，又能反映随着平台模式改变和运营重心调整而出现的新特点与新问题。

　　第二篇聚焦由网络新闻、报刊、论坛博客、微信、微博、APP新闻六大渠道数据所反映的互联网科普舆情，所用数据由人民网舆情数据中心提供。报告通过对全网科普大数据的抓取与分析，了解网民关注的科普领域热点，通过对重点、热点科普事件发生时的科普舆情开展多维度分析，解读事件发酵的传播路径与公众态度，为相关部门决策提供科学依据和支持。对科普舆情的观察从月度、季度、年度三个时间尺度开展，并且对其中一部分热点事件做了专题报告。

第三篇聚焦社会化互联网平台科普的发展，所用数据来自巨量算数和相关调查问卷。互联网平台对科普生态的发展发挥了多重作用，既是以互联网技术为支撑的信息中介，也是以规则和算法为支撑的生态系统，还是以内容运营为支撑的价值推手。基于互联网平台于上述角色的表现，用数据刻画了科普的平台化环境、科普创作者的活动、科普内容的生产和传播等，分析和呈现了抖音、西瓜视频、今日头条平台上的科普生态的现况与趋势、机遇与挑战。

本书编写组向中国科协科普部、"科普中国"、人民网舆情数据中心、巨量算数等合作方和数据提供方致以诚挚的感谢。书中的观点或结论如有不当之处，敬请读者予以批评指正。

作　者

2023 年 3 月于北京

目 录

附录

后记

图 目 录

表 目 录

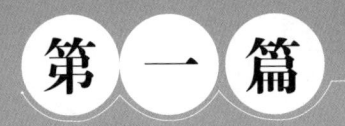

第一篇

"科普中国"平台发展数据报告

　　"科普中国"是伴随科普信息化深入发展而形成的"互联网＋科普"品牌，旨在从内容建设出发，依托全网全域传播渠道，提供科学、权威、有趣、有用的科普内容，提升科普公共服务水平。自 2014 年发展至今，"科普中国"已成为国内最权威的科普品牌和最大的科普服务平台之一，其成长和崛起是国家科普高质量发展的重要里程碑事件。

导　言 ■■■■■

一、"科普中国"的发展历程

（一）"科普中国"品牌正式确立

2014 年底，中国科协全面启动科普信息化建设，出台《中国科协关于加强科普信息化建设的意见》。2015 年在财政部支持下，启动实施科普信息化建设工程，建设经费主要来源于财政拨款。至此"科普中国"品牌正式确立，以科普信息化为核心，实施科普信息化工程和示范项目，加强科普信息化建设的落地应用，探索建立众筹、众创、众扶的科普信息化工作机制。

（二）"科普中国"平台建设初见成效

2016 年，在国家发展和改革委员会、财政部等部委支持下，"互联网＋科普"被列入《中华人民共和国国民经济和社会发展第十三个五年规划纲要》，科普信息化工程也被列入《全民科学素质行动计划纲要实施方案（2016—2020年）》和《中国科协科普发展规划（2016—2020 年）》。同年，"科普中国"首次聘任形象大使，并正式上线运行"科普中国"客户端和"科普中国"网，"科普中国"平台建设初见成效。2017 年，"科普中国"服务云上线运行，"科普中国·百城千校万村行动"全面启动，初步搭建"科普中国"互联互通平台和落地应用体系，基本实现全媒体协同发展。2018 年，"科普中国"进入《人民日报》、新华社内容转载免审白名单，联合中国科学院发布科普融合创作年度指南。2019 年，"科普中国"联合中共中央网络安全和信息化委员会办公室等有关部委共同打造"科学辟谣"平台，动员 125 家国内知名机构共同发起成立中国公众科学素质促进联合体，协同推进新时代科普工作。

（三）推进智慧科普平台建设

2020 年初新冠疫情暴发，"科普中国"着力打造应急科普资源枢纽，有力服务抗疫主战场。借助应急科普，"科普中国"在各个平台的影响力爆炸式增长，逐步发展成为国内最权威的科普品牌，成为科普高质量发展的象征。同年，中国科协提出从"品牌引领、内容为王、借助渠道、公众评价"向"品牌引领、内容为王、共建共享、培育生态"的理念转变，从"科学内容的生产和传播平台"向"服务'科普中国'创作者和传播者的生态培育"的功能转变，着力构建"内容库、专家库、团队库、品牌矩阵、渠道矩阵、活动矩阵"。自2021 年起，按照中国科协"智慧科协 2.0"建设统一部署，"科普中国"开展智慧化转型，建设智慧科普平台。

二、"科普中国"平台发展大事记

（1）2013 年，正式提出"信息化条件下科普'普什么、怎么普'"。

（2）2014 年，出台《中国科协关于加强科普信息化建设的意见》。

（3）2015 年，启动科普信息化建设工程，成立"科普中国"品牌；首届"典赞·科普中国"年度活动举办。

（4）2016 年，正式上线"科普中国"客户端和"科普中国"网；首次聘任"科普中国"形象大使。

（5）2017 年，上线"科普中国"服务云，搭建互联互通和落地应用体系；全国范围内启动"科普中国·百城千校万村行动"。

（6）2018 年，入选《人民日报》、新华社内容转载免审白名单。

（7）2019 年，入选国家新闻出版署"数字出版精品遴选推荐计划"；联合有关部委共同打造"科学辟谣"平台；发起成立中国公众科学素质促进联合体。

（8）2020 年，转向服务"科普中国"创作者和传播者的生态培育；"科学辟谣"平台入选国家新闻出版署"数字出版精品遴选推荐计划"；打造应急科普资源枢纽，在各平台的影响力爆炸式增长；创建"科普中国"专家库。

（9）2021 年，学习强国平台开设"科普中国"专区；成立"科普中国"融创学院；启动"科普中国"科普号入驻；首获《人民日报》的"最佳政务奖"；入选互联网新闻信息稿源单位白名单。

三、数据解读 2021 年"科普中国"的发展特点

本篇共三章，分别围绕"科普中国"内容生产及传播、科普信息员队伍、公众满意度三个方面分析"科普中国"的发展状况与趋势。本篇的数据既能反映"科普中国"平台建设所取得的成效，又能反映随着平台模式改变和运营重心调整而出现的新特点。

本篇关注的重点数据包括以下 6 个方面。①"科普中国"云新增原创科普资源容量 9.13TB，历史累计资源容量 53.15TB，科普视频内容的占比增加，科普图文内容的占比减少。②平台共建立 PC 端、移动端、电视端等传播渠道 692 个，2021 年传播总量超过 400 亿人次。③科普号内容发布机制吸引了 2000 多个科普号入驻，发布科普图文 2 万多条、科普视频 5000 多条，科普号成为平台科普内容的重要来源。④"科普中国"月活跃用户数超过 70 万人，"科学辟谣"平台用户超过 600 万人。⑤科普信息员队伍持续扩大，截至 2021 年底累计注册量为 854.54 万人，与 2020 年同比增长 54.42%。2021 年信息传播量达到了 4.12 亿人次，同比增长 25.77%。⑥公众对"科普中国"平台服务感到"非常满意"，对"科普中国"的信任评分比 2020 年明显提升。女性、36～50 岁、本科受教育程度、商业 / 服务业这几类人群对"科普中国"的满意度更高。

第一章
"科普中国"内容生产及传播数据报告

"科普中国"内容生产及传播数据报告立足科普供给侧和科普需求侧,反映2021年全年"科普中国"的内容资源容量和媒介形态构成、用户阅览和传播状况,呈现包括各类科学主题资源总量、发布渠道、阅览总量等数据。

第一节 "科普中国"内容生产及传播数据报告内容说明

"科普中国"品牌伴随着科普信息化建设工程诞生和发展,紧密结合社会和公众需求,致力于为公众提供科学、权威、有趣、有用的科普内容,以内容为中心融合渠道、用户、运营多维度创新发展,不断提升科普平台的服务供给能力、价值引领能力和社会影响力。发展至今,"科普中国"已成为国内最权威的科普品牌和最大的科普资源库之一。

一、2021年科普信息化平台建设概况

2021年科普信息化工程加强了专题、特色内容打造,强调科学精神和科学家精神传播,呈现出立足主流、深耕特色、鼓励原创、弘扬价值、注重运营的发展特点。科普信息化工程项目精简为19个,按主题可划为主流综合性科普、专题及特色科普、互联网原创培植、弘扬科学家精神、平台与品牌运营5个板块(表1-1)。

表 1-1　2021 年科普信息化工程项目相关情况

主题	科普信息化工程子项目	子项目承建单位	起始年
主流综合性科普	科技前沿大师谈	新华网	2016
	科学原理一点通		2016
	全民爱科学	腾讯云计算（北京）	2020
专题及特色科普	军事科技前沿	光明网传媒	2016
	V 视快递	中科数创（北京）	2016
	乐享健康	人民网	2017
	科幻空间	腾讯云计算	2018
	科学答人	北京科技报社	2018
	智慧农民	隆平高科（北京）	2020
	应急安全	应急管理部宣传教育中心	2020
	科学辟谣	中科数创（北京）	2020
互联网原创培植	科普融合创作与传播	中国科学院计算机网络信息中心	2018
弘扬科学家精神	我是科学家	北京果壳互动科技传媒有限公司	2018
	改变世界的 30 分钟	北京广播电视台	2021
	繁星追梦	光明网传媒	2021
平台与品牌运营	"科普中国"品牌管理和宣传推广	中国科学技术出版社	2019
	"科普中国"移动客户端维护与运营	中科数创（北京）	2020
	"科普中国"新媒体运营		2020
	"科普中国"中央厨房建设及运营		2020

　　主流综合性科普板块侧重于基础、前沿、热门的科普内容；专题及特色科普板块涵盖了健康、农业、应急及视频、问答等题材和形式的内容；互联网原创培植板块扎根互联网文化土壤，组织培植科普选题、创作和传播；弘扬科学家精神是 2021 年的重点板块，致力于讲好科学故事、激发公众对科学的向往；平台与品牌运营板块整合内容、渠道和用户资源，从数据、终端、品牌多方面协调提高"科普中国"的运营绩效。

　　从科普信息化工程项目的延续性（图 1-1）和投入看，主流综合性科普板块持续时间长、方向变化不大，专题及特色科普板块既延续传统又不断丰富拓展，弘扬科学家精神板块正在耕耘一批精品项目，互联网原创培植板块需要扩大规模，平台与品牌运营板块将成为"科普中国"品牌未来增长的基础。

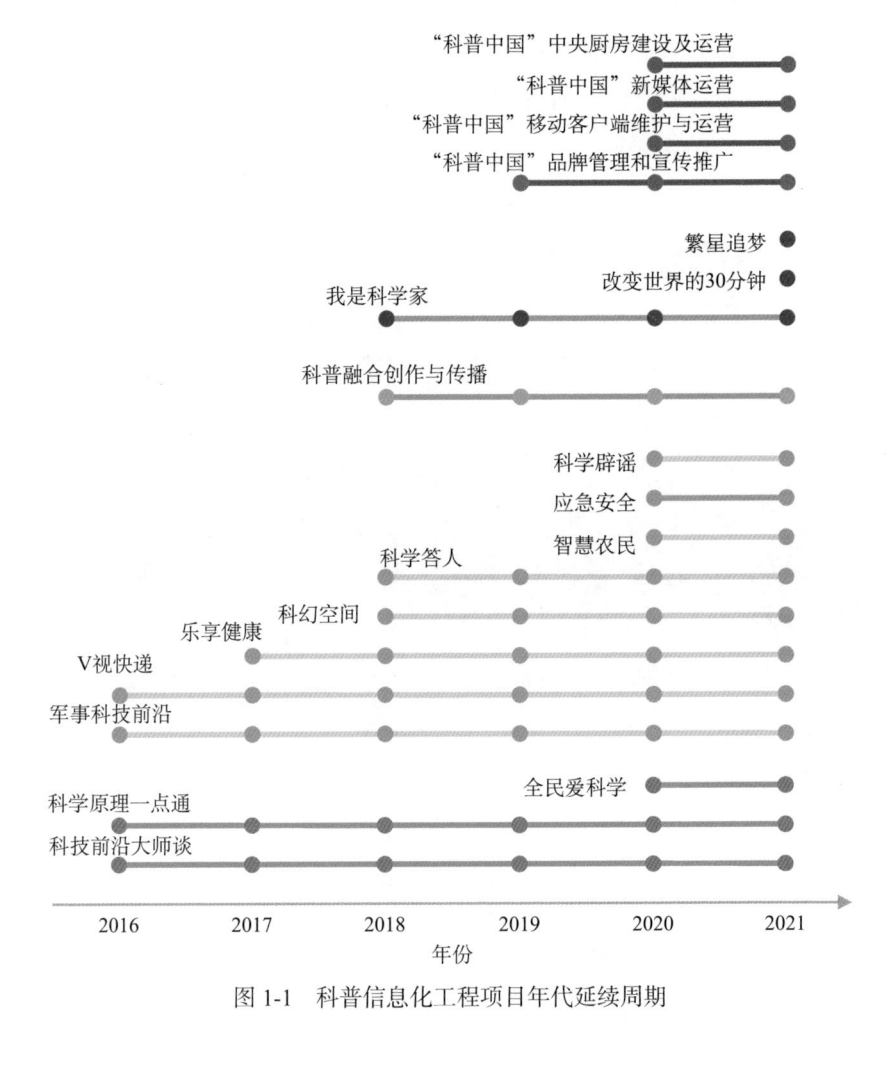

图1-1　科普信息化工程项目年代延续周期

二、内容主题分类及其他说明

（一）"科普中国"网和"科普中国"APP频道分类

1. "科普中国"网频道分类调整情况

2021年，"科普中国"网频道一级分类共10个，包括前沿、健康、百科、军事、科幻、安全、人物、辟谣、智农、地方、资源服务等，包含二级分类57个。与2020年相比，频道一级分类和大部分二级分类保持稳定，最大的变化是"地方"板块中取消了与科协工作有关的二级分类;"智农"板块中"生态环保"取代了"创业创新",原来的"农业讲堂"更名为"原创视频","科普课程"更名为"原创课程"(表1-2)。

表1-2 2021年"科普中国"网两级主题分类

一级主题	二级主题						
前沿	人工智能	科技潮物	数码世界	信息通讯	能源材料	生物生命	重大工程
健康	科学用药	疾病防治	心理探秘	食品安全	老龄健康	营养科学	医学救援
百科	宇宙探索	自然地理	科学原理	释疑解惑	人文科学		
军事	军事科技						
科幻	名家动态	影视作品	科普文创				
安全	自然灾害	事故灾难	应急科普				
人物	走近大师	精彩人生					
辟谣	食品安全	营养健康	疾病防治	美容健身	生活解惑	天文地理	生物
	数理化	交通运输	航空航天	前沿科技	能源环境	农业技术	建筑水利
智农	原创视频	原创课程	政策法规	农业技术	乡村文明	生态环保	
地方	青海	陕西					
资源服务	视频	图文	挂图	音频	电子书	科普号	

2. "科普中国"APP频道分类调整情况

"科普中国"APP集资讯、活动、微社群于一体,相比"科普中国"网,其强化了社区互动和个人网络科普行为记录。2021年"科普中国"APP的一级分类为:首页、视频、发布、活动、我的,位于手机页面底端的功能区。首页顶端可显示6个二级分类频道,前2个是关注、头条,后4个默认为:健康、前沿科技、应急科普、辟谣,但也可在手机屏幕上进行个性化排列,展示用户自己选择的"我的频道"。其余的二级频道包括科教、天文地理、博物、科幻、军事、智农、人物、社区、专题、问答、青海、陕西、生活百科、其他14个频道。相比2020年,"科普中国"APP增设智农、专题、问答3个二级频道,二级频道的数量从33个下降为14个,内容的分类更加紧凑。

（二）科普图文主题分类模型

本章第四节使用知识图谱增强的科普文本分类方法[①]对科普图文进行内容主题分析，将科普图文内容分为 10 类，分别为：健康、基础学科、信息科技、空间科学、生态环境、军事科普、科学文化、农业科普、医学、应急安全。各个主题的内涵及外延界定见表 1-3。

表 1-3 科普图文科普主题分类表

主题	内涵	外延
健康	生理/心理现象、养生、卫生、疾病预防等健康观念和常识	营养/饮食、运动/睡眠、食品安全问题、科学育儿等
基础学科	对事物内在规律、机制、结构、过程的科学解释	数学、物理、化学、生命、材料、交通等领域的基本现象与概念
信息科技	信息产生、存储、传输、控制等方面的原理和应用	计算机科学、信息通信技术、半导体、自动化控制等
空间科学	宇宙空间的自然现象、规律与科技进展	航空科技、航天科技、深空/深海/极地探索等
生态环境	地球上的地质地理生态环境知识	地质、地理、能源、气候、生态/环境保护等
军事科普	国防和国家安全相关的军事科技	军事战略、军事事件、军工产业、武器装备等
科学文化	关于科学技术周边活动及其影响的大众化传播	科普、科技史、公共科技事件等
农业科普	农业生产及经营相关的常识和技能	农林牧副渔常识、农业技术应用、种子、化肥/农药、病虫害防治等
医学	对人体生命机理、疾病的本质认识	组织/器官的结构与功能、疾病治疗、医疗技术等
应急安全	生活中的安全常识及风险应对	自然灾害、事故灾害相关的应急避险，生活中的安全观念、决策和技能

（三）"科普中国"内容生产及传播数据报告的数据期限及来源说明

"科普中国"内容生产及传播数据报告所使用的科普内容资源生产及发布数据、用户阅览及传播数据的时间期限为 2021 年 1 月 1 日～12 月 31 日。除特殊说明，数据均来自"科普中国"服务云。

[①] 唐望径，许斌，全美涵，等.知识图谱增强的科普文本分类模型 [J].计算机应用，2022，42（4）：1072-1078.

第二节 "科普中国"内容制作和发布数据报告

"科普中国"内容资源的生产汇聚数据按照科普内容的媒介表达方式进行分类统计，比如科普图文、科普视频、科普题库题目。发布渠道包括微信、微博等社交媒体，以及"科普中国"网、"科普中国"APP 等。

一、"科普中国"云全年汇集的科普内容总量

"科普中国"服务云是"科普中国"内容资源的汇聚平台，包括原创资源及合作内容资源。表 1-4 为 2021 年"科普中国"原创科普内容的月度数据，与以往数据保持相同的统计口径。从表中可见，8 月的资源容量突增，当月科普视频的生产数量显著增加。由图 1-2 可以看出，新增内容资源容量的月度变化曲线与新增科普视频的月度变化曲线更为接近。

表 1-4　2021 年"科普中国"原创内容资源的月度数据

月份	资源容量 /TB	科普图文 / 条	科普视频		科普题库题目 / 个
			数量 / 条	时长 / 分钟	
1	0.090	218	51	442	48
2	0.110	253	34	210	30
3	0.110	550	120	693	51
4	0.164	474	108	599	145
5	0.180	431	125	707	109
6	1.240	375	113	560	345
7	0.605	294	134	648	714
8	2.600	409	436	1 849	3 481
9	1.700	431	179	1 035	841
10	0.310	393	139	548	262
11	1.000	526	496	2 840	3 477
12	1.021	182	32	118	116
总计	9.130	4 536	1 967	10 248	9 619

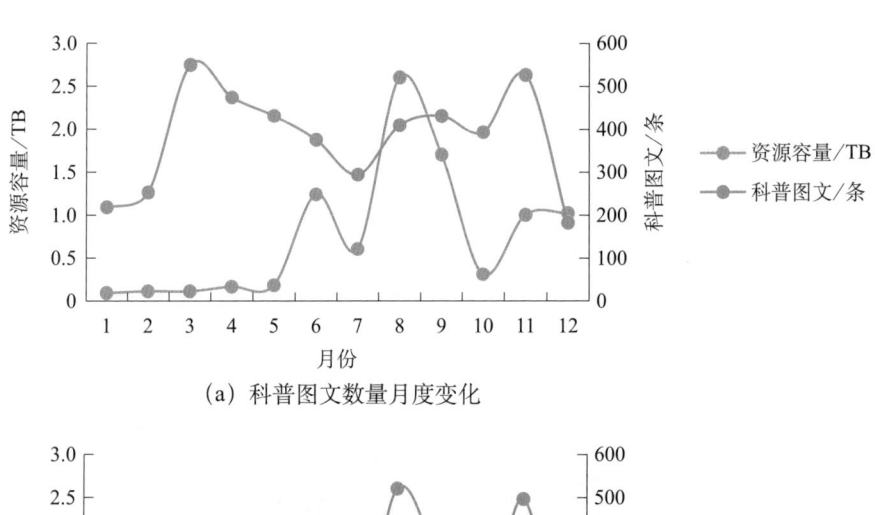

（a）科普图文数量月度变化

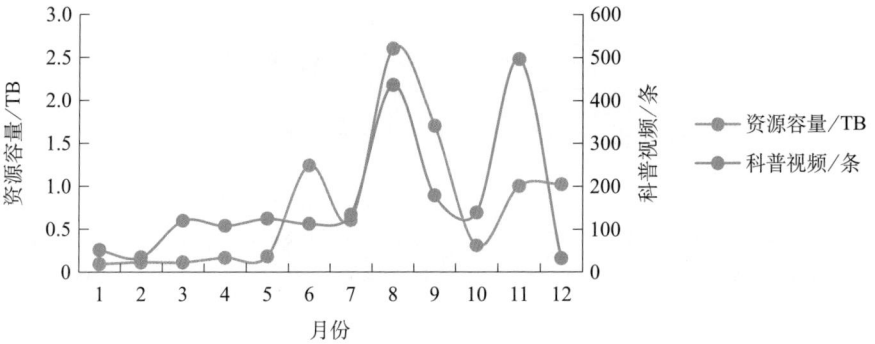

（a）科普视频数量月度变化

图 1-2　2021 年"科普中国"新增内容资源容量、科普图文数量、
科普视频数量月度变化曲线

　　2021 年全年，"科普中国"云新增原创科普资源容量 9.13TB，新增内容总数为 16 122 条，包括科普图文 4536 条、科普视频 1967 条、科普题库题目 9619 个。相比 2020 年，新增资源容量 0.9TB，内容总数减少 2674 条，其中科普视频增加 47 条，科普图文减少 2514 条，科普题库题目减少 207 个。

　　从科普视频的时长来看，2021 年"科普中国"新增科普视频平均时长为 5 分钟左右，一年中各月新增科普视频的平均时长保持在 4～9 分钟，并呈现逐渐缩短的趋势（图 1-3）。

　　"科普中国"内容资源季度汇聚数据（表 1-5、表 1-6）反映出"科普中国"内容资源建设中的如下变化特点：一是，2021 年资源容量的平均季度增长量低于 2018 年的平均季度增长量，但高于 2019 年和 2020 年的平均季度增长量；二是，2021 年科普图文、科普题库题目的平均季度增长数量继 2020 年后持续下降，科普视频的平均季度增长数量比 2020 年略有抬升。

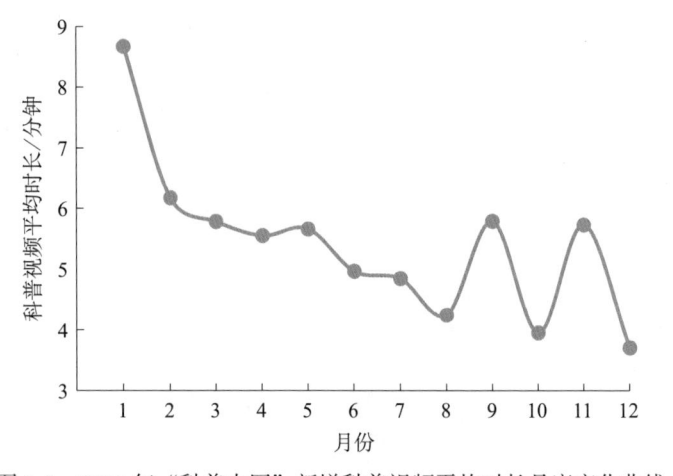

图 1-3　2021 年"科普中国"新增科普视频平均时长月度变化曲线

表 1-5　"科普中国"内容资源汇聚累计数据

截止时间	资源容量 /TB	科普图文 / 条	科普视频 / 条	科普题库题目 / 个
截至 2017 年 12 月	15.35	177 868	11 839	30 002
截至 2018 年 3 月	19.44	183 154	14 615	34 316
截至 2018 年 6 月	20.56	188 314	15 449	35 413
截至 2018 年 9 月	26.41	192 734	16 898	41 498
截至 2018 年 12 月	27.91	196 919	17 987	49 000
截至 2019 年 3 月	28.51	199 284	18 260	50 339
截至 2019 年 6 月	29.91	202 422	18 759	53 363
截至 2019 年 9 月	32.41	209 138	19 723	57 066
截至 2019 年 12 月	35.81	212 920	20 594	59 176
截至 2020 年 3 月	36.31	214 495	20 643	59 384
截至 2020 年 6 月	37.61	216 986	21 031	61 430
截至 2020 年 9 月	39.22	218 762	21 706	66 312
截至 2020 年 12 月	44.02	219 970	22 514	69 002
截至 2021 年 3 月	44.33	220 991	22 719	69 131

续表

截止时间	资源容量 /TB	科普图文 / 条	科普视频 / 条	科普题库题目 / 个
截至 2021 年 6 月	45.91	222 271	23 065	69 730
截至 2021 年 9 月	50.82	223 405	23 814	74 766
截至 2021 年 12 月	53.15	224 506	24 481	78 621

表 1-6 "科普中国"内容资源汇聚平均季度增长数据

年度	资源容量 /TB	科普图文 / 条	科普视频 / 条	科普题库题目 / 个
2018 年平均季度增长	3.14	4 763	1 537	4750
2019 年平均季度增长	1.98	4 000	652	2544
2020 年平均季度增长	2.05	1 762	480	2456
2021 年平均季度增长	2.28	1 134	492	2405

图 1-4 显示了 2018～2021 年"科普中国"内容资源累计容量的季度变化曲线。其中的实线是实际累计资源容量，虚线是按照线性关系添加的趋势线。从 2018～2021 年的数据来看，2018 年的累计资源容量在趋势线以上；2019～2021 年的累计资源容量发展曲线形状类似，显现出两端略高、中间稍低的特点。

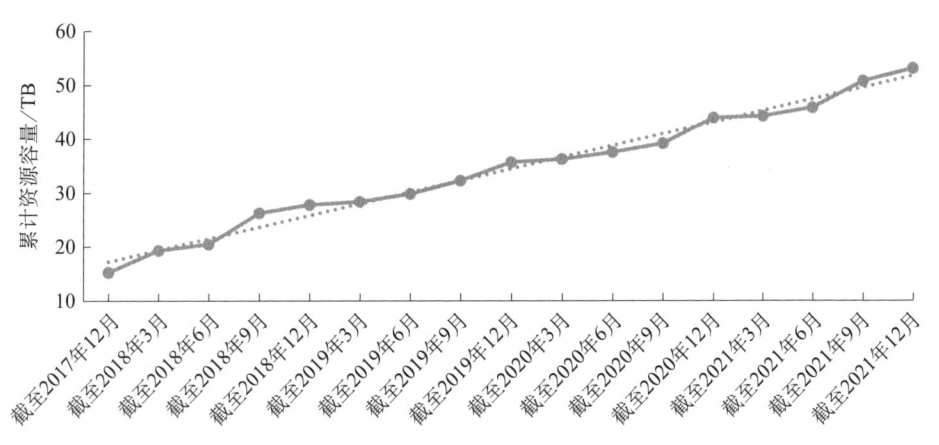

图 1-4 2018～2021 年"科普中国"内容资源累计容量季度变化曲线

图 1-5 显示了 2018～2021 年科普图文、科普视频与科普题库题目的平均季度增量。通过 2018～2021 年的数据比较可知，科普图文作品数量呈现连续明显降低的趋势，科普视频作品、科普题库题目数量在 2019 年出现明显降

低后，2020 年后降幅趋于缓和，特别是科普视频数量在 2021 年略有回升。

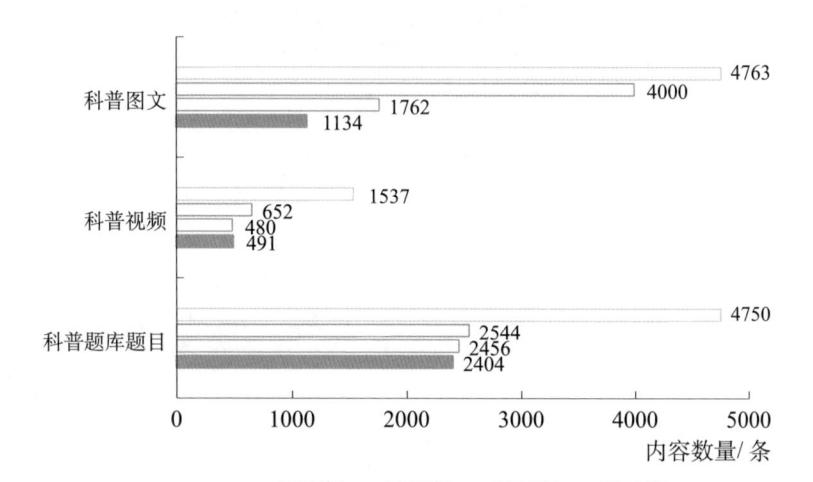

图 1-5　2018～2021 年科普图文、科普视频、科普题库题目的平均每季度增量

二、"科普中国"网和"科普中国"APP 发布科普内容数量

"科普中国"网和"科普中国"APP 是"科普中国"科普内容的主要发布渠道，两个渠道的发布数量统计见表 1-7。2021 年，"科普中国"平台新引入了科普号入驻及发布机制，科普内容发布能力大幅增强。按照科普图文和科普视频合计，"科普中国"网全年发文 87 362 条，比 2020 年增加 417%；制作专题 46 个，比 2020 年增加 17 个。"科普中国"APP 全年发文 72 642 条，比 2020 年增加 336%；制作专题 104 个，比 2020 年增加 42 个。

表 1-7　"科普中国"网和"科普中国"APP 2021 年的月度发文数量与制作专题数量

月份	"科普中国"网发文数量/条	"科普中国"网制作专题数量/个	"科普中国"APP发文数量/条	"科普中国"APP制作专题数量/个
1	4 059	2	5 512	14
2	3 686	2	5 192	8
3	6 736	4	6 020	11
4	27 601	2	5 976	7
5	4 663	2	5 718	10
6	25 279	6	5 217	11
7	4 392	4	5 592	8

续表

月份	"科普中国"网 发文数量 / 条	"科普中国"网制作 专题数量 / 个	"科普中国"APP 发文数量 / 条	"科普中国"APP 制作 专题数量 / 个
8	4 565	10	6 542	5
9	3 986	4	7 528	8
10	1 397	4	7 227	4
11	692	2	7 669	9
12	306	4	4 449	9
总计	87 362	46	72 642	104

2021 年"科普中国"网发文数在 4 月和 6 月出现两次高峰,进入第四季度后明显减少;"科普中国"APP 月度发文数量相对均匀,下半年发文数量明显高于"科普中国"网(图 1-6)。

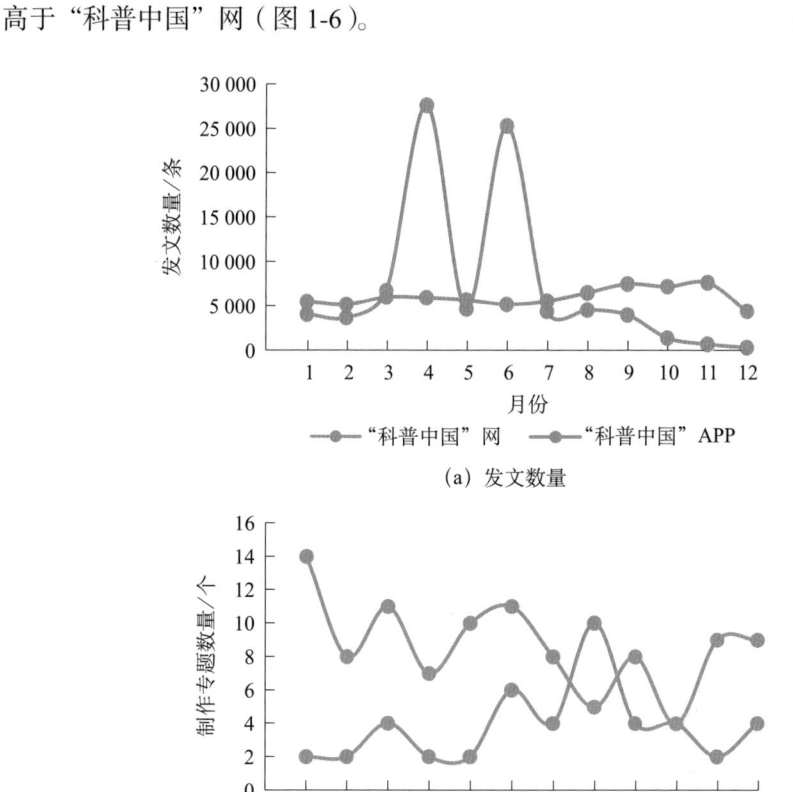

(a)发文数量

(b)制作专题数量

图 1-6　"科普中国"网、"科普中国"APP 2021 年各月发文和制作专题数量

表 1-8 和表 1-9 显示了"科普中国"网和"科普中国"APP 各频道发文数据。"科普中国"网发布数量最多的 4 个频道是"智农""健康""百科""前沿"，占全部发布的近 90%。"科普中国"APP 发布科普图文最多的 4 个频道是"生活百科""科教""健康""头条"，占全部科普图文的 70% 以上；发布科普视频最多的 4 个频道是"其他""健康""生活百科""科教"，占全部科普视频的 67% 以上。

表 1-8 "科普中国"网 2021 年全年分频道发文数统计

频道	总数 / 条	科普图文数 / 条	科普视频数 / 条
智农	3 173	1 468	1 705
健康	2 716	1 372	1 344
百科	2 405	1 199	1 206
前沿	1 773	887	886
军事	411	205	206
安全	260	130	130
陕西	253	253	0
人物	131	70	61
青海	105	105	0
科幻	93	19	74
总计	11 320	5 708	5 612

表 1-9 "科普中国"APP 2021 年全年分频道发文数统计

频道	总数 / 条	科普图文数 / 条	科普视频数 / 条
生活百科	15 035	11 574	3 461
健康	12 282	8 559	3 723
科教	11 874	8 598	3 276
其他	6 787	2 089	4 698
头条	4 423	3 993	430
前沿科技	2 420	2 070	350
博物	2 343	1 963	380

续表

频道	总数/条	科普图文数/条	科普视频数/条
智农	1 377	1 036	341
军事	1 374	1 100	274
天文地理	1 373	1 166	207
应急科普	1 083	799	284
人物	1 015	704	311
社区	598	486	112
辟谣	586	436	150
陕西	579	559	20
科幻	481	420	61
青海	216	171	45
专题	104	69	35
问答	63	56	7
总计	64 013	45 848	18 165

对比各频道的科普图文和科普视频发布情况可知,"科普中国"网的大部分频道发布的科普图文与科普视频数量相当,"科普中国"APP的大部分频道发布的科普图文明显多于科普视频(图1-7、图1-8)。

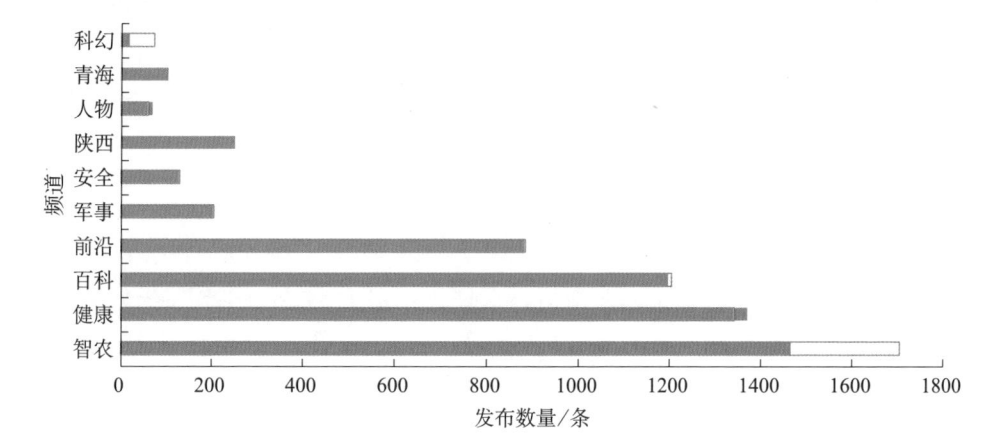

图 1-7 "科普中国"网 2021 年各频道科普图文、科普视频发布数量对比

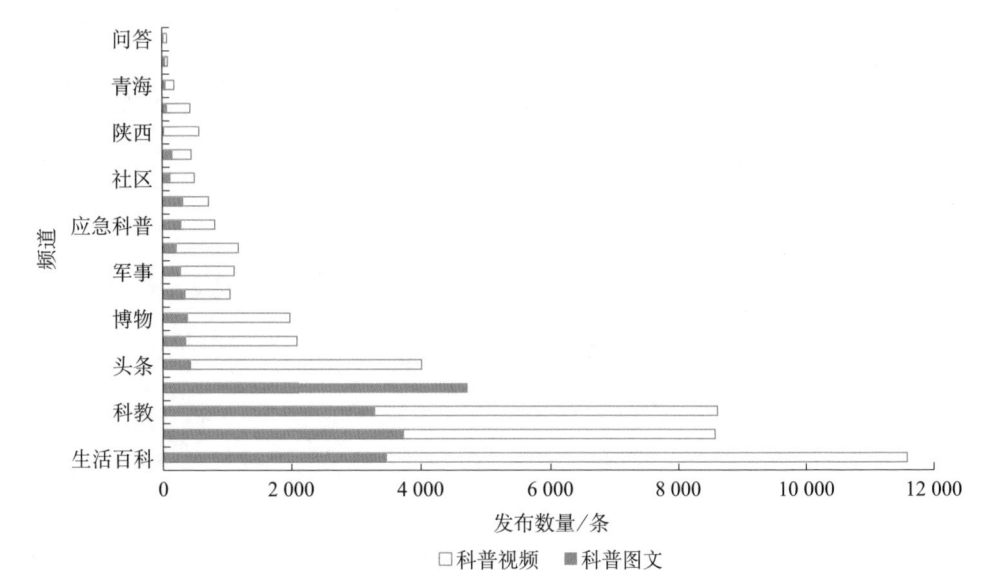

图 1-8 "科普中国" APP 2021 年各频道科普图文、科普视频发布数量对比

三、"科普中国"平台科普号发布科普内容数据

2021 年，"科普中国"启动了科普号入驻项目，组织动员广大科普团队以 APP 科普号形式开展合作，科普号累计注册超 2000 个。其中，排名前 20 位的科普号发文数据见图 1-9，每个科普号年均发布科普图文 393 条，发布科普视频 132 条。有 8 个科普号每日平均发布 1 条以上的科普图文，"科普中国""中国科普博览""中国绿发会"发布科普图文最多；有 10 个科普号每周发布 2 条以上的科普视频，"博科园""泽桥医生""北京科技报社"发布科普视频最多。

四、"科普中国"微信公众号发布科普内容数据

2021 年全年，"科普中国"微信公众号共发文 3114 条，平均每天发文 8.6 条。从月度发布量看，平均每月发文 259.5 条；12 月发文最多，有 279 条；2 月发文最少，有 220 条。

在"科普中国"微信公众号的全部发文中，"科普中国"原创内容有 689 条，占发布总量的 22.13%，平均每天发布 1.9 条。从月度发布量看，11 月发文最

多，有 83 条；4 月最少，有 35 条（图 1-10）。

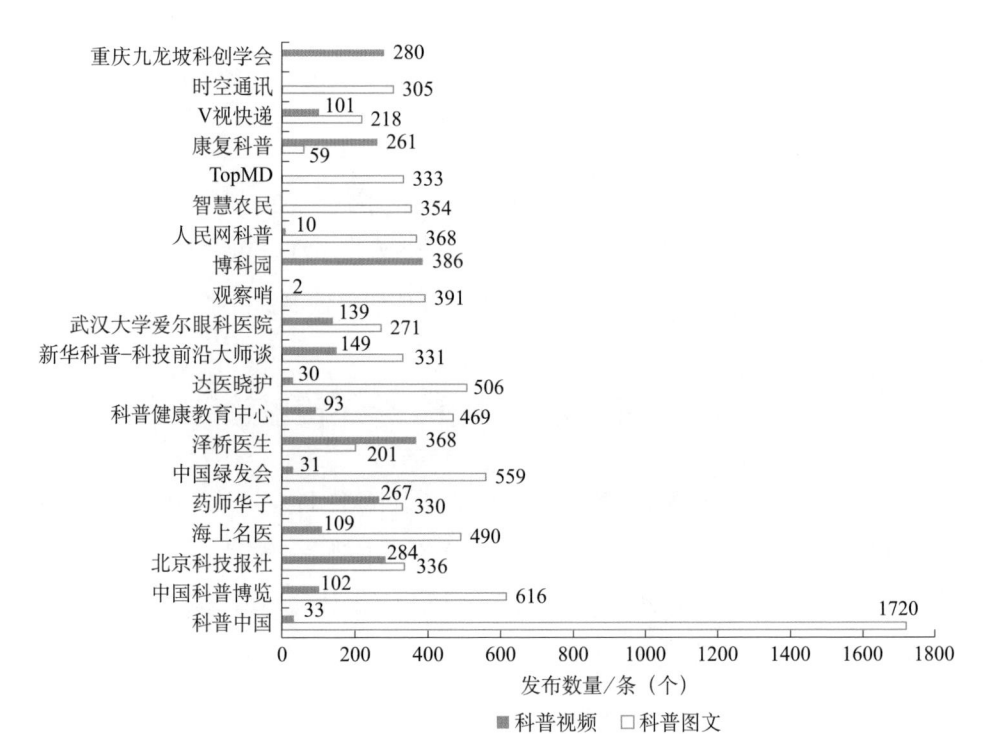

图 1-9 "科普中国"平台入驻科普号 2021 年全年科普视频和科普图文发布数量（Top20）

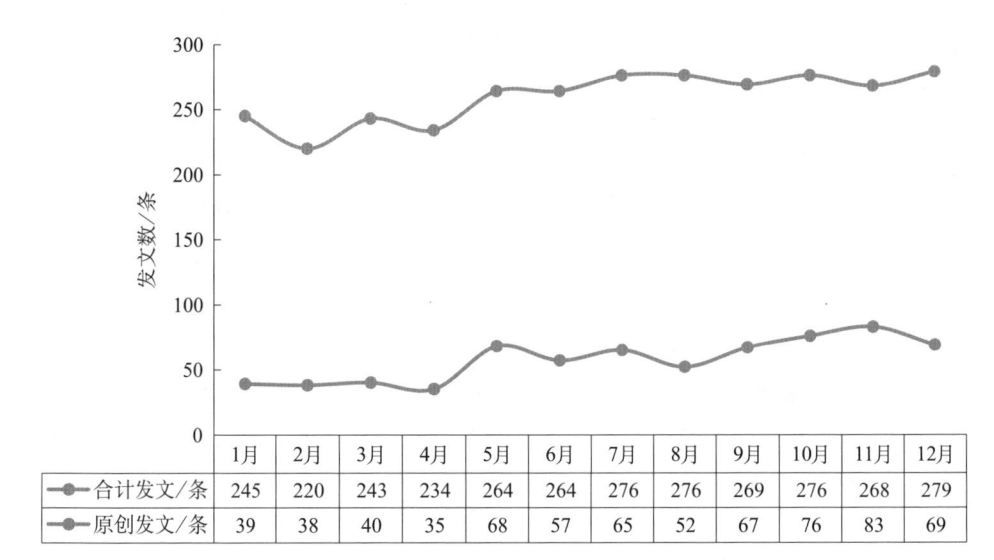

	1月	2月	3月	4月	5月	6月	7月	8月	9月	10月	11月	12月
合计发文/条	245	220	243	234	264	264	276	276	269	276	268	279
原创发文/条	39	38	40	35	68	57	65	52	67	76	83	69

图 1-10 2021 年 "科普中国" 微信公众号月度发文数据

第三节 "科普中国"内容传播数据报告

"科普中国"内容传播终端包括 PC 端和移动端。2020 年"科普中国"移动端的浏览和传播量一直稳定占有七成以上份额，2021 年的传播量突破了八成。不断拓展的社会化传播渠道和平台为扩大传播覆盖面提供了有利条件。

一、"科普中国"各栏目（频道）全年传播总量

2021 年，"科普中国"内容浏览和传播量总计 52.11 亿人次。其中，PC 端浏览和传播量总和为 13.33 亿人次，与 2020 年基本持平；移动端浏览和传播量总和为 38.78 亿人次，比 2020 年同比下降 36.54%。移动端浏览和传播量是 PC 端的近 3 倍，新增传播渠道 290 个（表 1-10）。

表 1-10　2021 年"科普中国"PC 端和移动端浏览和传播量、新增传播渠道月度数据

月份	PC 端浏览和传播量 / 亿人次	移动端浏览和传播量 / 亿人次	新增传播渠道 / 个
1	0.34	2.27	5
2	0.46	2.55	2
3	0.71	3.25	174
4	0.74	2.90	4
5	0.66	3.14	6
6	0.71	3.47	6
7	0.62	5.02	15
8	0.65	5.18	65
9	0.70	2.67	1
10	0.67	2.5	2
11	6.76	4.12	9
12	0.32	1.71	1
总计	13.33	38.78	290

2021年"科普中国"移动端浏览和传播高点出现在7月和8月,11月是PC端浏览和传播高点,也是移动端浏览和传播次高点。对比来看,连续两年"科普中国"浏览和传播量的最高点均出现在11月。除11月以外,2021年各月的浏览和传播量普遍低于2020年(图1-11)。

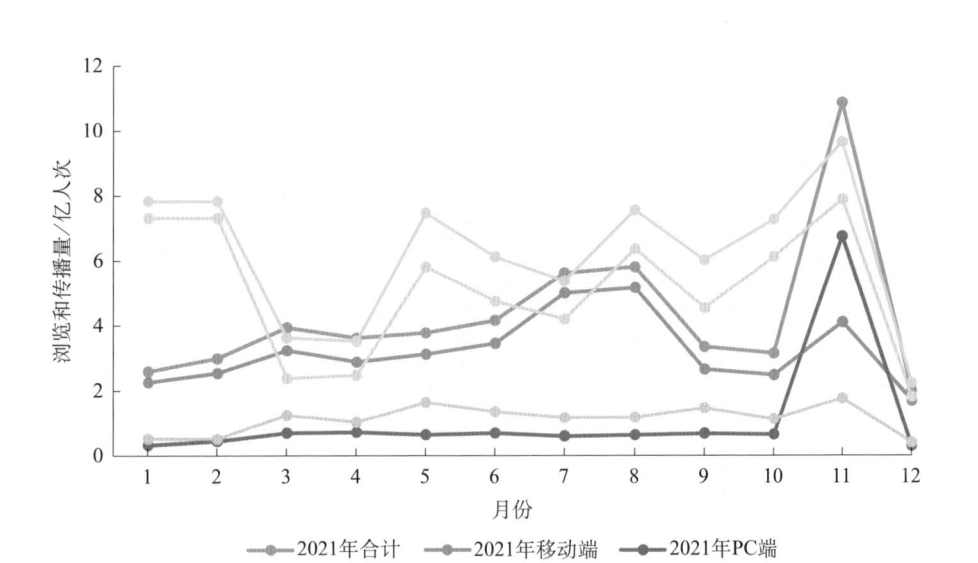

图1-11 "科普中国"内容浏览和传播量月度数据(2020年和2021年对比)

注:2020年仅有1月和2月的合计数,图中以两月均值代替1/2月单月值,不影响分析结果。

二、典型传播渠道的传播数据

2021年"科普中国"APP全年新增浏览量超4.12亿人次(不含社团),比2020年增加0.85亿人次。"科普中国"微信公众号新增浏览量超1.78亿人次,微博新增浏览量超7.42亿人次(不含话题)。

"科普中国"微信公众号全年各月份的浏览量走势较为平稳;下半年"科普中国"APP的浏览量逐渐上升,11月冲到最高点;"科普中国"微博的浏览量在10月后明显走高,12月达到最高点(图1-12)。

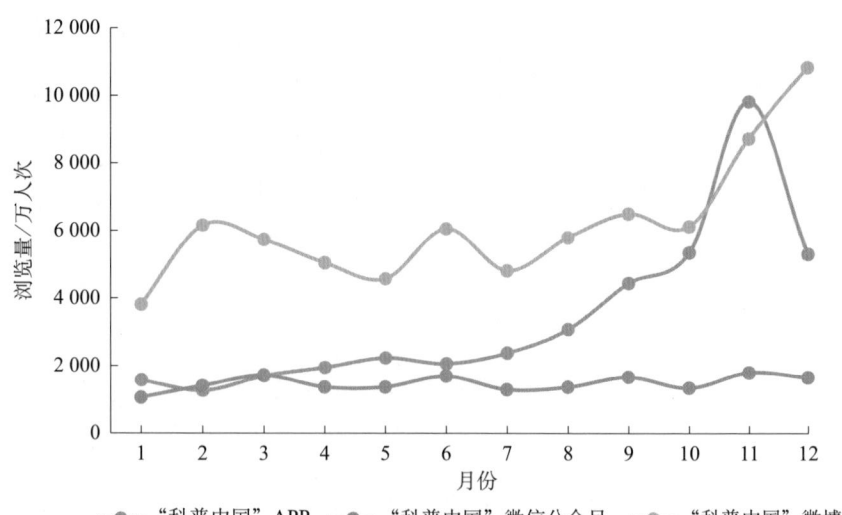

图 1-12 2021 年 "科普中国" APP、微信公众号和微博月度浏览量

注："科普中国" APP 浏览量不包含社团，微博浏览量不包含话题。

三、"科普中国" 活跃用户数据

网络科普内容的浏览量和传播量与用户活跃程度相关。活跃用户数量一定程度上体现了 "科普中国" APP 内容的有效传播抵达率。月活跃用户数是 "科普中国" APP 每月访问用户去除重复登录的用户后的数量。2021 年，"科普中国" APP 平均月活跃用户为 73.9 万人，比 2020 年（68.4 万人）增加 5.5 万人。活跃用户数量较高的是 11 月和 12 月，月活跃用户均超过 100 万人，日活跃用户均超过 12 万人（图 1-13）。

2019～2021 年，"科普中国" APP 的活跃用户总体规模增幅明显，到 2020 年底达到峰值（151 万人）。从月度数据来看，年内月活跃用户数量逐月攀升，表明活跃用户的增量主要来自新用户。进入 2021 年，月活跃用户仍保持逐月攀升的趋势，但是 2021 年底的活跃用户总量比 2020 年底减少了 16 万人，表明新增的活跃用户已经少于不再活跃的老用户（图 1-14）。

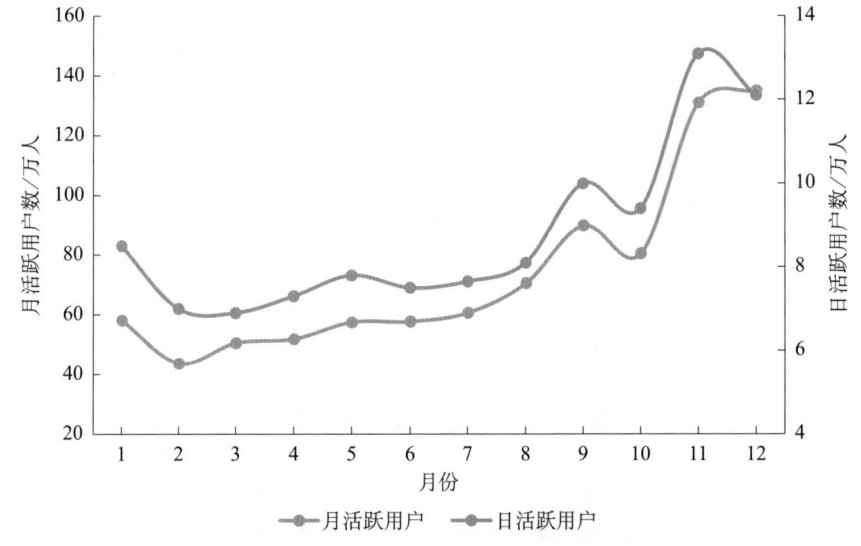

图 1-13 2021 年 "科普中国" APP 月活跃用户和日活跃用户月度数据

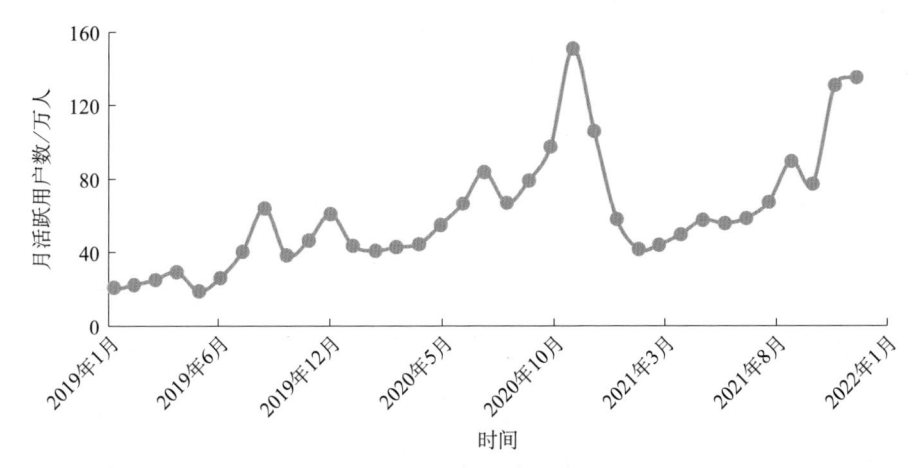

图 1-14 2019～2021 年 "科普中国" 月活跃用户发展数据

四、"科学辟谣"平台传播数据

"科学辟谣"平台由国家公共部门、全国学会、权威媒体、社会机构和科技工作者共同参与，致力于构建谣言库、专家库、辟谣资源库等国家级科学辟谣体系，揭开"科学"流言真相，聚焦认知误区，针对性提供权威科学解读。

2021 年 "科学辟谣" 平台的影响力大幅增强，谣言库规模和辟谣资源数量稳步增加。截至 2021 年 12 月，谣言库已累计入库 8199 条信息，辟谣资源累计达 3697 条，累计总用户近 669 万人，累计传播量超过 25.21 亿次（图 1-15）。

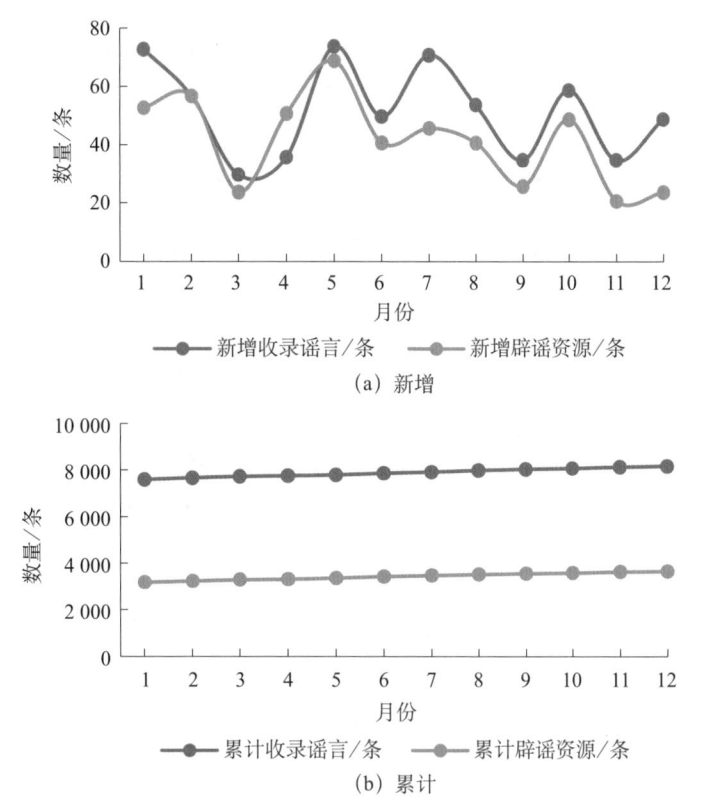

（a）新增

（b）累计

图 1-15 2021 年"科学辟谣"平台谣言库和辟谣资源月度数据

综合考虑传播热度、危害程度、学科领域等因素，"科学辟谣"平台定期评选发布月度"科学"流言榜。2021 年共发布 12 期"科学"流言榜，共包含 72 条"科学"流言，其中，与卫生健康相关的流言有 42 条，与食品安全、环境安全、信息安全相关的流言有 15 条，与科技生活相关的流言有 8 条，与生物、生态相关的流言有 7 条（表 1-11、图 1-16）。

表 1-11 2021 年"科学辟谣"平台发布的"科学"流言榜

月份	"科学"流言	主题
1	蝙蝠携带那么多病毒，应该直接消灭掉	生物、生态
	防护级别越高的口罩，越值得购买	卫生健康
	大蒜能预防新冠肺炎	卫生健康
	压榨食用油比浸出食用油好	食品安全

续表

月份	"科学"流言	主题
1	电动车、混动车不需要热车	科技生活
	使用一次性筷子会感染新冠病毒	卫生健康
2	车厘子新冠病毒核酸检测呈阳性，不能吃了	食品安全
	坚果能量高，吃完会长胖	卫生健康
	寒冷的冬天会成为新冠病毒新的"温床"	卫生健康
	冻卵对女性而言是个很好的选择	卫生健康
	冷链外包装检测阳性，冷链不安全了	卫生健康
	春节隔离独处对身心有害无益	卫生健康
3	角膜塑形镜能矫正近视	卫生健康
	手机 APP 存在语音窃听	科技生活
	3·15曝光瘦肉精问题肉，肉都不能吃了	食品安全
	网红减肥咖啡可以健康减肥	卫生健康
	"用毛巾捂住口鼻人就会瞬间晕倒"是常见的	卫生健康
	沙尘雾霾来袭，木耳、猪血、雪梨可以清肺	卫生健康
4	年轻人，身体好，血压高一点没啥	卫生健康
	反季水果导致性早熟	食品安全
	颈椎病不应该用枕头	卫生健康
	氢燃料电池汽车不安全	科技生活
	苏伊士运河如此易堵，应再拓宽、挖深一点	环境安全
	干细胞护肤品能修复皮肤、抗衰老	卫生健康
5	新冠疫苗作用有效期短，对阻断疫情传播的作用不大	卫生健康
	0 蔗糖就是无糖	卫生健康
	蝴蝶和蛾子翅膀上的粉末有剧毒	生物、生态
	人脸支付不安全	信息安全
	减肥主要看体重	卫生健康
	地震灾害不容易出现在板块稳定区域	环境安全
6	生存环境变好了，野生虎才会跑到人类活动区域	生物生态
	睡眠中突然抽搐一下，可能有猝死风险	卫生健康
	长期喝牛奶会导致乳腺癌	卫生健康
	根据房间温度随时开关空调，可以节省电量	科技生活
	鱼腥草含有马兜铃酸，吃了会损伤肾脏，甚至致癌	卫生健康
	接种新冠疫苗后，不可以使用麻醉剂	卫生健康

续表

月份	"科学"流言	主题
7	郑州暴雨海洋馆爆炸，鳄鱼跑出来吃人了	生物、生态
	不添加食品添加剂的食物更安全	食品安全
	家附近有变电站很危险，需要搬家	科技生活
	蚊子包越大，蚊子的毒性越强	卫生健康
	天空出现"怪异云朵"是灾害的预警	环境安全
	2021新血糖标准更正，正常值改为 4.4～7.0 毫摩 / 升	卫生健康
8	隔夜西瓜细菌多，吃了可能食物中毒	食品安全
	看到人打架，动物会跟着学	生物、生态
	雷雨天使用手机会引来雷击	科技生活
	洪涝灾害后，自来水一定会受到污染	环境安全
	新冠"毒王"拉姆达已诞生，疫苗没用了	卫生健康
	口罩贴上"神器贴"就能防新冠，该口罩为医务人员专用	科技生活
9	青少年注射新冠疫苗副作用很大	卫生健康
	儿童用药，按成人剂量减半即可	卫生健康
	有机蔬菜比普通蔬菜营养价值更高	卫生健康
	只要充分加热，做熟的死螃蟹可食用	食品安全
	多喝果汁有排毒效果	卫生健康
	输液一定要选右胳膊，左胳膊容易引发心肌痉挛	卫生健康
10	电池充电要充到100%，对电池更好	科技生活
	被带着血的针扎了可能得艾滋病	卫生健康
	口服抗新冠病毒药来了，疫苗不用打了	卫生健康
	用蔬菜水冲奶粉可以防止小孩上火	卫生健康
	淡水鱼可以像海鱼那样，做成生鱼片食用	食品安全
	碰上温顺的野生动物，可以与它们亲密互动合影	生物、生态
11	哈佛最新研究显示，长白发能降低患癌风险	卫生健康
	蜂蜜内的果糖不会升血糖，糖尿病患者可以放心吃	卫生健康
	矿泉水中可能生虫	食品安全
	宝宝头型不好，可以自己买矫正头盔调整	卫生健康
	吸氢气能抗肿瘤、抗衰老，包治百病	卫生健康
	野生动物抓回家驯养好就能当家宠	生物、生态

续表

月份	"科学"流言	主题
12	多国新冠特效药已上市，抗疫胜利近在眼前	卫生健康
	戴口罩前必须甩一甩，否则口罩上的残留物会致癌	卫生健康
	感染奥密克戎毒株检测不出来	卫生健康
	肥胖者血管里会流油，可以通过透析的方法去油减肥	卫生健康
	宝宝穿纸尿裤导致O形腿、红屁股	卫生健康
	出血热可通过草莓传播	食品安全

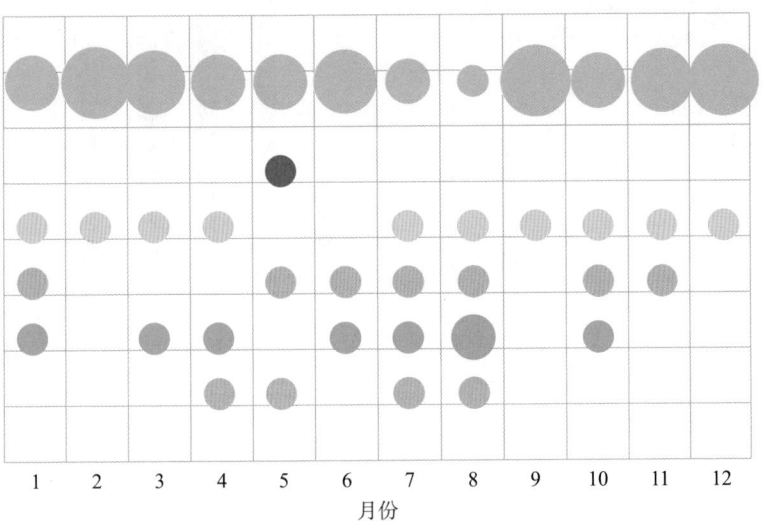

● 环境安全　● 科技生活　● 生物、生态　● 食品安全　● 信息安全　● 卫生健康

图 1-16　2021年"科学辟谣"平台发布的"科学"流言榜分主题统计

注：气泡大小代表谣言数量多少。

第四节　"科普中国云"图文内容数据报告

"科普中国云"（cloud.kepuchina.cn）是"科普中国"的内容汇聚平台，整合了来自各渠道、各发布方的图文、视频、音频等形式的科普资源。本节针对科普图文这一支撑科普创作的基础形式，从其数量、来源、主题、热点等方面

反映"科普中国云"的科普图文汇聚情况。

一、"科普中国云"图文内容汇聚数量

2021年，"科普中国云"共更新图文17 239篇，平均每天更新47篇。分月来看，7月发文量多，有2279篇；2月发文量最少，有728篇（图1-17）。

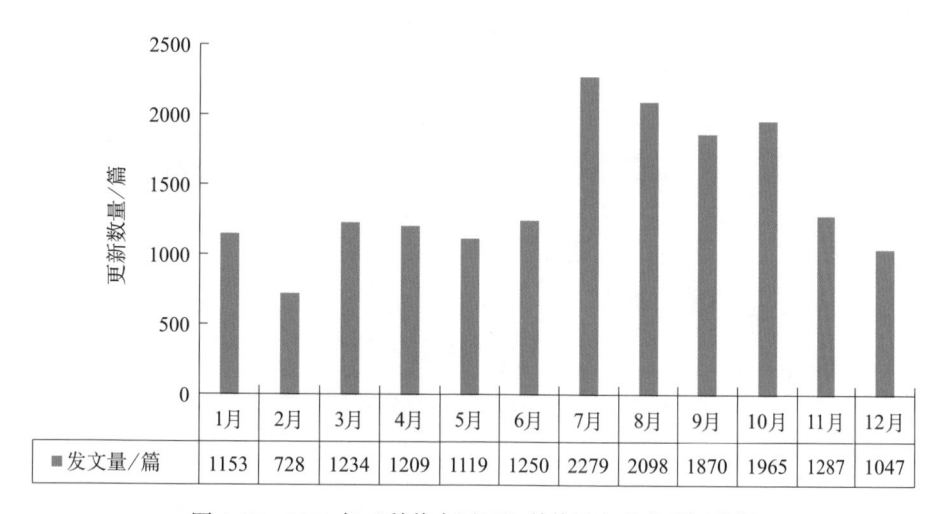

图 1-17　2021年"科普中国云"科普图文月度更新数据

在2021年更新的全部图文中，标记为原创的图文内容有3573篇，占比20.73%，平均每天更新10篇。原创图文内容更新集中在2021年下半年。

二、"科普中国云"图文内容汇聚来源

2021年"科普中国云"的科普图文数据主要来自"科普中国"平台科普号。图文发布量位列前十的科普号中，"科普中国"官方号发文最多，达到1466篇，"中国科普博览""达医晓护"等其他科普号的年度更新都超过300篇，两家非机构运营的"观察哨""智慧农民"分别以369篇和332篇的更新量排在第7、第9位（表1-12）。

表 1-12　2021 年"科普中国"平台和第三方科普号图文更新排名 Top10

排名	科普号		类别	粉丝量/万人	图文量/篇	所属机构
1		科普中国	综合	17.35	1466	中国科学技术出版社有限公司
2		中国科普博览	综合	3.34	590	中国科学院
3		达医晓护	医学科普	3.43	487	中国医学传播智库
4		中国绿发会	生态环境	0.33	474	中国生物多样性保护与绿色发展基金会
5		海上名医	人体健康	0.92	461	上海报业集团
6		科普健康教育工作委员会	人体健康	1.39	426	中国医药教育协会
7		观察哨	军事	0.59	369	私人运营
8		人民网科普	生活科普	1.57	342	人民网
9		智慧农民	农业科普	0.43	332	私人运营
10		北京科技报社	综合	3.09	320	北京科技报社

　　从第三方科普号的原创图文数来看,"中国科普博览""中国绿发会""博科园"等位居前列,排在前十位的科普号原创内容更新都超过 100 篇。除机构科普号外,"王桂真营养师""药师华子"等众多个人科普号也贡献了大量原创图文(图 1-18)。

三、"科普中国云"图文内容主题分类

　　"科普中国云"图文内容数据报告对"科普中国云"全年汇聚的科普图文进行了主题分析,共有 16 421 条科普图文形成了有效分类。其中,健康、基础学科和信息科技类内容最多,分别有 5895 条、3932 条和 1589 条,分

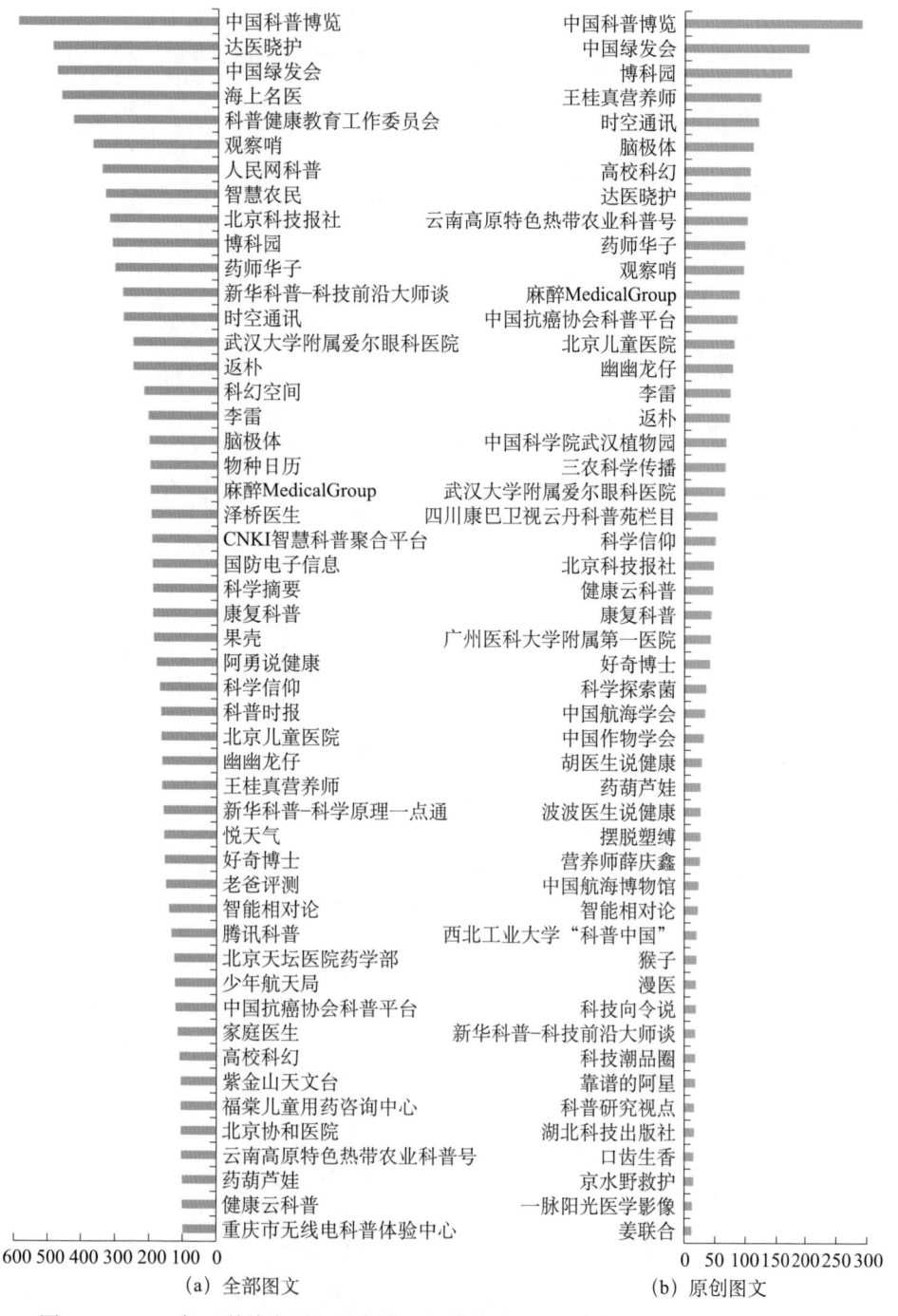

图 1-18　2021 年"科普中国"平台第三方科普号图文更新数量（Top50）（单位：篇）

别占总量的 35.90%、23.94% 和 9.68%。

在原创图文中，仍然是健康、基础学科和信息科技类内容最多，分别有 1187 条、830 条和 368 条，分别占原创总量的 34.81%、24.34% 和 10.79%。原创性的医学、农业科普和应急安全类内容占比偏低（图 1-19）。

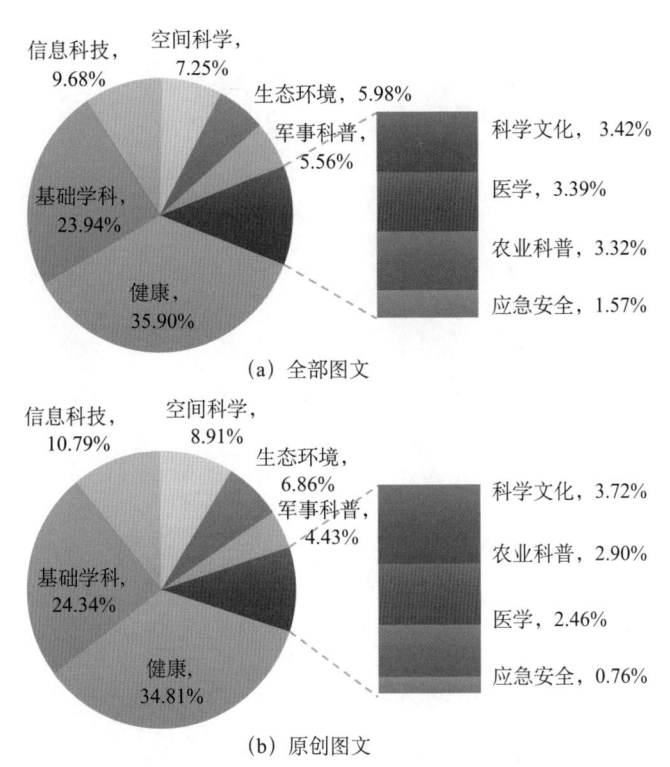

（a）全部图文

（b）原创图文

图 1-19　2021 年"科普中国云"图文内容主题占比

注：因数据四舍五入，加和不一定等于 100%，后同。

科普号经营最多的主题是健康和基础学科，其次是信息科技和医学，只有个别科普号侧重农业科普和应急安全类内容。"返朴""博科园""科学信仰""腾讯科普"等综合性较强的科普号对空间科学、科学文化、生态环境等主题有一定的关注。在表 1-13 的 50 个科普号中，30 个科普号有其主营主题；15 个科普号有超过两个重点主题；健康科普是 19 个科普号的主营主题，是 7 个科普号的重点主题；基础学科是 21 个科普号的重点主题，是 9 个科普号的涉猎主题[①]。

---

①　主营主题：科普号在该主题下的发文占比超过 50%；重点主题：科普号在该主题下的发文占比超过 20%；涉猎主题：科普号在该主题下的发文占比超过 10%。

表 1-13　2021 年"科普中国"平台 Top50 科普号的图文主题占比

科普号＼主题分类	基础学科	健康	医学	信息科技	空间科学	生态环境	军事科普	科学文化	农业科普	生活百科
科普中国	■	■		■		■				■
中国科普博览					■	■				
达医晓护	■	■	■							
中国绿发会	■			■		■			■	
海上名医		■	■							
科普健康教育工作委员会	■	■	■							
观察哨							■			
智慧农民									■	
北京科技报社	■	■			■					
博科园	■				■					
药师华子		■								
人民网科普	■	■			■					
时空通讯	■	■			■					
新华科普-科技前沿大师谈	■	■		■				■		
武汉大学附属爱尔眼科医院	■	■	■							
返朴	■	■	■					■		
科幻空间	■							■		
李雷	■	■								
脑极体	■			■						
物种日历	■					■				
麻醉MedicalGroup		■								
CNKI智慧科普聚合平台	■			■						
泽桥医生	■	■								
科学摘要	■	■					■			
康复科普	■	■								
果壳	■	■				■				
国防电子信息	■						■			
阿勇说健康		■								
科学信仰	■			■	■	■				
科普时报	■	■			■	■				
幽幽龙仔	■	■						■		
王桂真营养师		■								
新华科普-科学原理一点通	■	■				■				
悦天气	■	■				■				■
老爸评测	■	■								
北京儿童医院	■	■	■							
智能相对论	■			■						
腾讯科普	■			■						
北京天坛医院药学部	■		■							
少年航天局	■				■	■				
家庭医生		■								
中国抗癌协会科普平台								■		
高校科幻	■							■		
北京协和医院	■		■							
紫金山天文台					■					
云南高原特色热带农业科普号	■	■				■			■	
药葫芦娃	■	■								
科学出版社	■					■		■		
中国科学院武汉植物园	■	■				■				
有来医生	■	■	■							

■ 在该主题下的发文占比：≥50%　　■ 在该主题下的发文占比：20%～50%（含20%，不含50%）

■ 在该主题下的发文占比：10%～20%（含10%，不含20%）　　■ 在该主题下的发文占比：10%～5%（含5%，不含10%）

四、"科普中国云"图文内容相关热点

从科普图文 2021 年的月度更新情况来看，健康类和基础学科类在各月的发文量大幅领先于其他主题；信息科技、空间科学、军事科普作为三个重要垂类①，各月的发文量较为可观；科学文化、医学和农业科普类的月度发文量比较接近。第三季度是发文高峰，此期间的应急安全内容更新占全年的 60% 以上，空间科学、生态环境类内容更新超过全年的 40%，健康、基础学科、信息科技类的内容更新量也明显高于其他三个季度（图 1-20）。

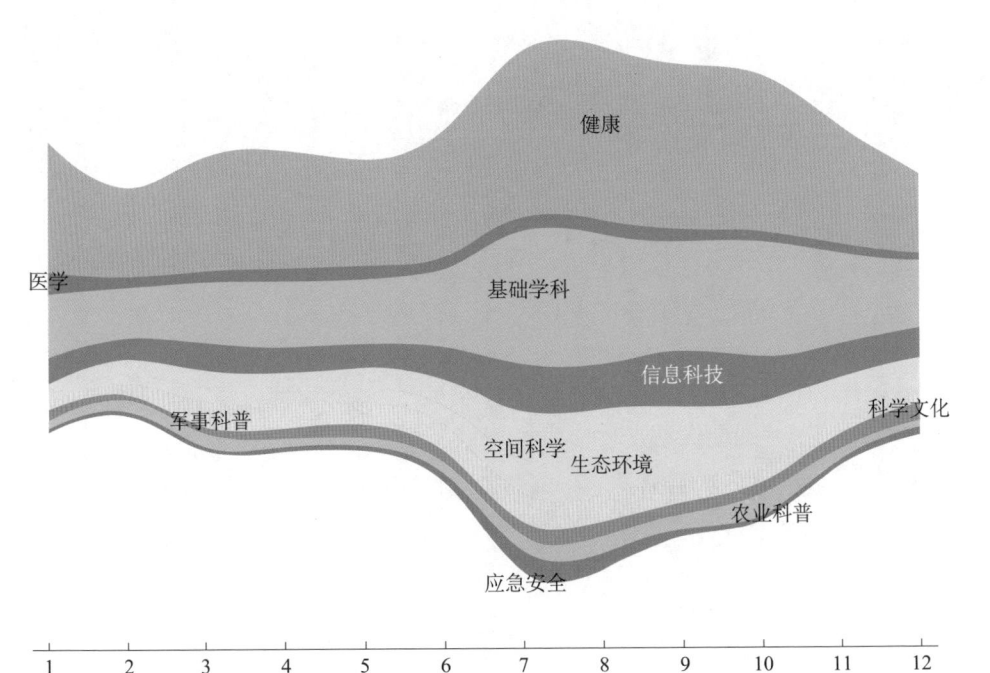

图 1-20　2021 年"科普中国"平台 Top50 科普号的图文主题构成情况

根据相关话题的发布频次，"科普中国云"图文内容数据报告分析了 2021 年"科普中国云"科普图文中的科普热点。10 个科普主题分类下的热门细分领域与每个细分领域的典型高频词分布详见表 1-14。

根据用户评论数，"科普中国云"图文内容数据报告遴选了 2021 年"科普中国云"各个科普主题下讨论热度最高的典型科普图文，见表 1-15。

---

① 垂类指垂直领域，为限定群体提供特定服务。

表 1-14　2021 年"科普中国云"各科普图文主题的典型高频词表

主题	热门领域	典型高频词
健康	生理健康	药、毒、糖、脂、血管、蛋白、肌肉、睡眠、锻炼
	器官健康	眼、肺、胃、肾、肝、肾、鼻、心脏、大脑
医学	医疗技术	手术、疫苗、造影、移植、微创、中医
	生命过程	血管、细胞、蛋白、病毒、炎症、腺、基因、遗传、酶、分泌、微生物、细菌
基础学科	机制原理	能量、储能、电流、电阻、发电、动力、发动机、轨道、摩擦、放射、氧化、超导
	物质结构	光、波、酸、盐、碱、元素、分子、原子、离子、量子、质子、夸克、纳米、激光
信息科技	网络通信	互联网、物联网、信息安全、遥感、基站
	计算机	算法、大数据、虚拟现实、云计算、云服务、量子计算、编码、图像识别、超算
	半导体	电子、芯片、传感器、电路、处理器、半导体、内存、集成电路
	智能化	人工智能、机器人、智慧城市、智能家居、车联网、仿生、智能终端
空间科学	天文宇宙	宇宙、天体、行星、卫星、恒星、太阳系、星系、银河系、小行星、自转、公转、星云、彗星
	航天探索	空间站、运载火箭、宇航员、载人航天、探月、深空探测、射电望远镜、人造卫星、气象卫星
生态环境	生态博物	植物、生态、动物、物种、多样性、森林、种群、鱼类、湿地、脊椎动物
	地质地理	地球、海洋、陆地、高原、河流、土壤、山地、地形、平原、盆地
军事科普	武器装备	导弹、雷达、战斗机、潜艇、护卫舰、航空母舰、装甲车
科学文化	科学精神	实验、创新、发明、试验、诺贝尔奖、科学家精神、科学素质、驱逐舰、装甲车
	科技伦理	科研、学术、规律、伦理、规范、期刊、决策
农业科普	耕种技术	种植、作物、规律、蔬菜、栽培、水肥、农药、粮食、农产品、农田、秸秆、灌溉
应急安全	自然灾害	预警、洪水、建筑、肥料、交通、道路、地质灾害、泥石流、水量、自然灾害

表 1-15 2021 年"科普中国云"各个科普主题的典型热评图文 Top10

主题	图文标题	来源科普号	发布日期
健康	新冠肺炎疫情期间 | 儿科专家说这些事情家长要知道	北京协和医院	1 月 18 日
	"暑"我健康 | 高温天气防中暑！这些药物也可能诱发中暑……	药葫芦娃	7 月 20 日
	重要发现！事关新冠病毒传染性	科普中国	7 月 1 日
	"端午"话养生	达医晓护	6 月 6 日
	如何进行新冠病毒核酸检测？带您揭秘全过程	人民网科普	9 月 18 日
	核酸检测又降价了！最低 13 元一次的"混检"可靠吗？	北京科技报社	10 月 28 日
	末伏不足 10 天，阴阳变换的关键时期，记住这几点	科普健康教育工作委员会	8 月 13 日
	如何防止肺纤维化	呼吸姚宏胤医生	8 月 4 日
	"最笨"的努力，就是不科学的盲目运动	科普君	12 月 13 日
	妈，杧果真的不能放冰箱！	果壳	7 月 19 日
医学	多项研究证实：感染 1 年后体内仍有新冠抗体！	科普中国	7 月 11 日
	2021 年度十大科学突破，AI 这项前所未有的突破上榜	学术头条	12 月 17 日
	儿童生长发育落后，要注意有无心衰！儿童心衰诊治建议更新	科普健康教育工作委员会	3 月 1 日
	传统酸奶可以改善自闭症模型重复和刻板行为？	肠菌博士段云峰	7 月 19 日
	未来 20 年，我国吸烟癌症死亡将增 50%！ *BMJ* 子刊研究	科普健康教育工作委员会	11 月 12 日
	口气不小！	中华口腔医学会	5 月 27 日
	血压低一些，好一些！25 万人孟德尔随机分析	科普健康教育工作委员会	4 月 13 日
	爱牙日 | 珍爱人生的第一副牙！协和医生详解婴幼儿护齿秘籍	北京协和医院	1 月 18 日
	"饺子型"缓释片和"骨架型"缓释片	北京天坛医院药学部	9 月 7 日
	建议单身的女生仔细阅读本文！（已经脱单的更要看）	好奇博士	5 月 26 日
基础学科	人能够实现永生吗？那要看细胞能不能永生，癌细胞就可以	科学信仰	11 月 3 日
	光子是瞬间获得光速还是从 0 开始加速的？答案都不是！	天文在线	11 月 3 日
	造雪先"种雪"，"雪种"岂能"无中生有"？雪炮是如何做到的？	水分子视界	12 月 16 日
	金门大桥及飞机黑匣子均采用国际橘颜色	科学摘要	8 月 26 日
	科技助力，三星堆大规模"上新"	科普时报	3 月 26 日
	我敢打赌，你从没见过这么弯的冰	科普中国	7 月 23 日
	中国"天眼"已开启"多出成果""出好成果"阶段	科普中国	12 月 24 日

续表

主题	图文标题	来源科普号	发布日期
基础学科	在感觉之间搭建一条通路	科普时报	4 月 12 日
	【触摸屏】电容式触摸屏（一）	重庆市无线电科普体验中心	10 月 2 日
	首揭"核径迹"受离子轰击缩小全过程，更准确限定岩石年龄	青藏高原地球科学科普教育基地	3 月 31 日
信息科技	智能手机配件可快速诊断艾滋病？	腾讯科普	11 月 12 日
	人工智能与人类智能仍存在一条"鸿沟"	科普时报	3 月 10 日
	人工智能算力网络：独属中国的 AI 产业发展撒手锏	智能相对论	9 月 27 日
	人工智能"危机"？人类怎样制约它们	幽幽龙仔	8 月 1 日
	搞科研不输人类的人工智能，其实也能"接地气"？	人民网科普	8 月 3 日
	落入塔利班手中的美军 ABIS 为何物？一文带你读懂生物识别技术的利与弊	北京科技报社	9 月 22 日
	千里纠缠、星地传密、隐形传态，这是普朗克万万没想到的……	瞭望智库	12 月 23 日
	北斗科学家回应货车司机自尽：北斗系统不可能"掉线"	北京科技报社	4 月 10 日
	了不起的未来科技——太空机器人	CNKI 智慧科普聚合平台	8 月 16 日
	超导量子比特寿命突破 500 微秒——虽为人间一刹，却是意义非凡	返朴	10 月 8 日
空间科学	炼狱般的金星，火星就仿若天堂，探测器能扛住近 500℃着陆吗？	幽幽龙仔	9 月 2 日
	追寻千年荧惑梦，火星探测器勇闯火星	幽幽龙仔	7 月 12 日
	欧阳自远：天问一号，中国首次自主火星探测	科普中国	5 月 17 日
	知否知否，月球种菜可否	中国科普博览	11 月 9 日
	女航天员在轨驻留 6 个月，神舟十三号任务有何看点？	北京科技报社	10 月 9 日
	重大突破发现快速射电爆发的母星系，排除了超大质量黑洞原因！	博科园	8 月 16 日
	人类首张"月球落石"全景图诞生，包含全球 136 610 个落石	博科园	8 月 8 日
	太空出舱有多险？神舟七号出舱的惊险历程，翟志刚的生死抉择	科学信仰	3 月 10 日
	美国天空出现罕见环地平弧，郑州也有过	科普中国	8 月 10 日
	从"一室一厅"到"三室一厅"，中国空间站是如何装修的？	科普中国	12 月 31 日

续表

主题	图文标题	来源科普号	发布日期
生态环境	重磅!《昆明宣言》最后草案发布	中国绿发会	10 月 14 日
	三江源和雅鲁藏布大峡谷有望列入世界遗产	中国绿发会	12 月 21 日
	49.6℃!热浪袭击北美等地,如何防范夏季高温的不利影响?	中国绿发会	7 月 19 日
	江西九江东湖热门观鸟点被指设施"驱鸟",应该如何改进?	中国科普博览	11 月 3 日
	世界环境日:科学传播在人类命运共同体路上前行	中国科普博览	6 月 5 日
	年度"鲨雕"新闻:发现鲨雕!	星球研究所	7 月 19 日
	一场天空大迁徙	星球研究所	12 月 20 日
	鸟类去哪儿——中国学者揭秘游隼迁徙路线	科普中国	7 月 16 日
	曲靖"古鱼王国"盔甲鱼的"十八般兵器"	姜联合	12 月 20 日
	中国北境,有多美?	CNKI 智慧科普聚合平台	10 月 26 日
军事科普	第一次及第二次世界大战对德国人口的重要影响	科学摘要	4 月 20 日
	这场没有硝烟的战争怎么打?	中国科普博览	3 月 18 日
	奥斯曼人为什么能战胜波斯和埃及?	科普中国	7 月 11 日
	"拆弹专家"的那些高科技排爆装备	CNKI 智慧科普聚合平台	3 月 23 日
	海军传统礼仪(一)——满旗、满灯	中国航海博物馆	8 月 21 日
	前掠翼设计(二)——苏 -47 战斗机	大飞机系统工程科普园地	7 月 28 日
	空防前线的传奇战鹰——歼 -7 战斗机	大飞机系统工程科普园地	9 月 2 日
	华约消失 30 余年,曾经军力强大成员国,如今就像被解除了武装	观察哨	4 月 3 日
	为渔业英法剑拔弩张,两国如果开战,法国海军实力能轻松碾压英国	观察哨	5 月 9 日
	"海狼撞山",真是因为主动声呐没开吗?	中国科普博览	11 月 16 日
科学文化	张彭熹院士:奋斗一生 献身盐湖	中国科普博览	3 月 31 日
	寄情山水,攻坚克难	科普岩石力学与工程	11 月 3 日
	"退休"的百年铁路桥,"红"了!	科普中国	7 月 14 日
	雷红帅:广大青年科研工作者应该具备高瞻远瞩的素质	新华科普 - 科技前沿大师谈	5 月 7 日
	职责使然,从心做起——平凡的岗位上实现价值	达医晓护	1 月 4 日
	杂交水稻之父袁隆平	能子源	6 月 1 日
	董家鸿院士:穿越肝胆禁区他攻克了令人闻之色变的"虫癌"	人民网科普	8 月 16 日
	社评	建党百年,科技推动中国梦实现	北京科技报社	7 月 2 日
	孙家栋:造一辈子"中国星"	文昌市航天科普馆	10 月 17 日
	一位好导师什么样?看诺奖得主提出的 10 条黄金标准	返朴	2 月 8 日

续表

主题	图文标题	来源科普号	发布日期
农业科普	中国种子，关键时刻顶得上！	科普中国	12月31日
	南美白对虾池塘健康养殖技术	CNKI智慧科普聚合平台	1月21日
	种蔬菜，上午和晚上浇水有啥区别？菜农告诉你正确答案	智慧农民	5月25日
	茶科普｜六大基本茶类——白茶、黄茶、黑茶	中国茶叶学会	8月2日
	西红柿营养又好吃！掌握露天高产模式，种上几棵就够吃	智慧农民	8月29日
	豆角采收时，大量落叶怎么办？做好2点，方法很简单	智慧农民	7月12日
	我与"草"的命运（下）	科学出版社	6月15日
	种了这么多年豆角，今天才知道追肥时间错了，难怪产量低	智慧农民	2月18日
	甘薯窖藏保鲜技术	云南高原特色热带农业科普号	12月27日
	杧果生草有机生产技术	CNKI智慧科普聚合平台	10月7日
应急安全	青海柴达尔煤矿透水，19人被困井下，煤矿水害防治重点在这里！	科普中国	8月17日
	暴雨天气，实用自救指南！	有来医生	7月21日
	强降雨"主战场"转移至华南 今日起南北方高温渐消退	悦天气	6月22日
	暴雨、洪灾、高温……地球究竟怎么了？！	科普中国	7月25日
	这份暴雨自救指南，超详细实用！	科普健康教育工作委员会	7月21日
	近十年来最强沙尘天气来袭？中国气象局权威解读	人民网科普	3月15日
	专刊｜我国地震预测回顾与展望	防震减灾科普基地	2月1日
	电动车起火，夺命仅需100秒！充电时，这些行为暗藏危机！	有来医生	7月20日
	风沙再起 今年沙尘天气缘何格外多	新华科普－科技前沿大师谈	4月27日
	暴雪来袭，如何防御？	壹基金	11月12日

* BMJ：*British Medical Journal*（《英国医学杂志》）。

第二章 ■■■■■■
"科普中国"信息员发展数据报告

　　"科普中国"信息员是完成"科普中国"APP新闻实名注册认证并经常性开展科普信息传播的用户，是"科普中国"特有的线上科普内容分享和转发传播者主体。"科普中国"信息员积极宣传和推广"科普中国"APP新闻，打通科普工作"最后一公里"，通过信息转发推荐的方式，向身边公众传播科学权威的科普内容。以下通过描绘"科普中国"信息员总数、性别、年龄、地域、分享文章数量及主题等基本特征，形成"科普中国"信息员队伍的整体画像。

第一节　"科普中国"信息员注册数据分析

　　2021年，新增注册"科普中国"信息员301.16万人，平均每月新增注册25.09万人。注册人数增长最多的月份为11月，为674 213人，约占全年的22.39%。截至2021年12月底，累计注册"科普中国"信息员达854.54万人（表2-1、图2-1）。2021年新增注册人数占累计总数的35.24%。

表2-1　2021年"科普中国"信息员月度新增注册人数　（单位：人）

月份	注册人数	月份	注册人数
1	68 124	7	183 309
2	22 341	8	244 762
3	59 067	9	378 512
4	122 771	10	273 932
5	176 256	11	674 213
6	156 904	12	651 444

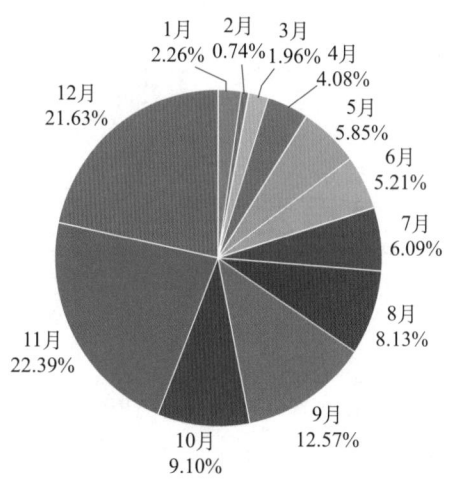

图 2-1　2021 年"科普中国"信息员注册人数月度新增占全年份额

2021 年"科普中国"信息员队伍建设继续扩量、盖面、提质，加大由省会城市向下属地级城市及县区乡村的扩散覆盖范围。表 2-2 是 2021 年全年新增"科普中国"信息员人数排列前 10 位的省（自治区、直辖市），其中湖南省779 438 人、安徽省 345 096 人、河南省 294 956 人、江西省 278 219 人、江苏省 224 591 人、山西省 174 363 人、广东省 151 392 人、重庆市 132 218 人、云南省 97 175 人、浙江省 94 549 人。

表 2-2　2021 年"科普中国"信息员注册人数的地域排名前 10 位

序号	省（自治区、直辖市）	新增注册人数 / 人
1	湖南省	779 438
2	安徽省	345 096
3	河南省	294 956
4	江西省	278 219
5	江苏省	224 591
6	山西省	174 363
7	广东省	151 392
8	重庆市	132 218
9	云南省	97 175
10	浙江省	94 549

表 2-3 是截至 2021 年 12 月底 "科普中国" 累计注册信息员数量排名前 10 位的省（自治区、直辖市）。

表 2-3　截至 2021 年 12 月，"科普中国" 信息员注册人员的地域累计排名前 10 位

序号	省（自治区、直辖市）	累计注册人数 / 人	地区人口 / 万人	占比 /‰
1	湖南省	2 069 958	6 622	31.26
2	安徽省	731 868	6 113	11.97
3	吉林省	620 225	2 375	26.11
4	河南省	567 065	9 883	5.74
5	江西省	471 385	4 517	10.44
6	江苏省	461 064	8 505	5.42
2	内蒙古自治区	448 240	2 400	18.68
8	浙江省	446 710	6 540	6.83
9	广东省	416 344	12 684	3.28
10	贵州省	405 961	3852	10.54

第二节　"科普中国"信息员画像

一、"科普中国"信息员中女性占比比男性高

截至 2021 年 12 月底，"科普中国" 信息员中女性占比（51.80%）高于男性占比（48.20%），女性 "科普中国" 信息员在总体数量上继续占据优势（图 2-2）。

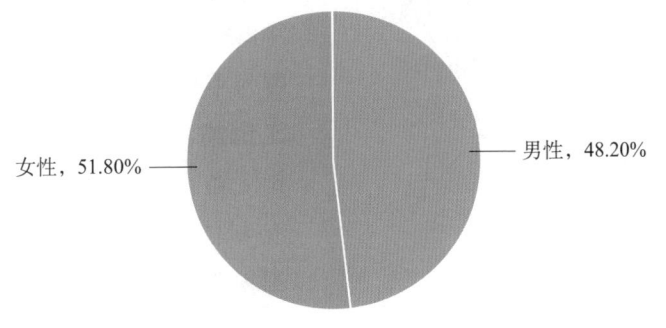

女性，51.80%　　　　　　　男性，48.20%

图 2-2　"科普中国"信息员的性别占比

二、"科普中国"信息员主要为41～55岁人群

截至2021年12月底,"科普中国"信息员中占比排名前三位的年龄段分别是:41～55岁(占总人数的28.20%)、28～34岁(占总人数18.50%)、35～40岁(占总人数的15.80%)(图2-3)。

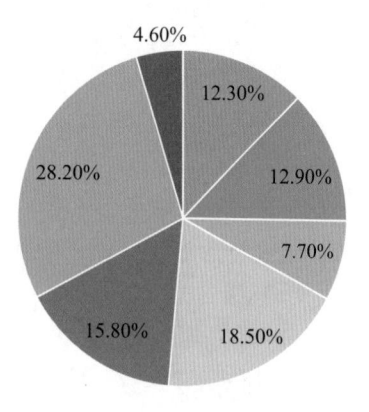

■18岁以下 ■18～23岁 ■24～27岁 ■28～34岁 ■35～40岁 ■41～55岁 ■55岁以上

图2-3 "科普中国"信息员的年龄构成

三、"科普中国"信息员的受教育程度以本科、大专为主

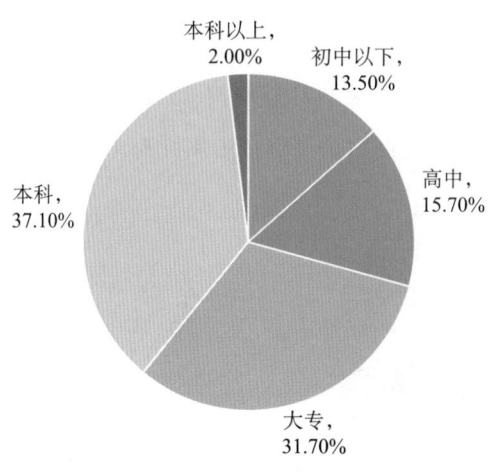

图2-4 "科普中国"信息员的受教育程度占比

截至2021年12月底,"科普中国"信息员中,大专及以下受教育程度的人员占60.9%,本科及以上人员占39.1%,与2021年和2020年的统计结果差别不大。受教育程度为本科的"科普中国"信息员占比最高,为37.10%,但相比2020年下降了1.31个百分点。受教育程度为本科以上(硕士和博士)的比例相比2020年略有上升(0.2个百分点)(图2-4)。

四、"科普中国"信息员的称号构成

"科普中国"APP新闻对"科普中国"信息员实行积分制鼓励措施。2021年依据"科普中国"信息员在登录、信息浏览、转发等行为被赋予的积分总值，分别对其冠以儒生、秀才、贡生、举人、贡士、进士、庶吉士、学士、少傅、少师、太傅、太师、大学士等不同的级别头衔。截至2021年12月底，"科普中国"信息员的称号主要集中于"儒生"，占比高达91.17%（表2-4）。

表2-4 "科普中国"信息员的称号构成

称号	数量/人	占比/%
儒生	8 561 625	91.17
秀才	606 270	6.46
贡生	86 684	0.92
举人	76 482	0.81
贡士	23 619	0.25
进士	18 016	0.19
庶吉士	10 090	0.11
学士	4 888	0.05
少傅	2 149	0.02
少师	773	0.01
太傅	141	0.00
太师	36	0.00
大学士	0	0.00

第三节 "科普中国"信息员的分享传播数据分析

2021年，"科普中国"信息员的传播量为4.12亿人次，是2020年的1.25倍。每个信息员的平均传播量超48人次，月度传播量数据如表2-5所示，其中11月、10月和12月是传播量排名前三位的月份，分别是98 268 758人次、53 531 446人次、53 100 507人次。

表 2-5 2021 年"科普中国"信息员月度传播量

月份	传播量 / 人次	月份	传播量 / 人次
1	15 830 665	7	23 839 927
2	12 756 258	8	30 847 697
3	17 085 262	9	44 489 960
4	19 544 073	10	53 531 446
5	22 376 650	11	98 268 758
6	20 685 124	12	53 100 507

从地域来看，湖南省、安徽省、天津市的"科普中国"信息员传播量排列前三位，分别是 135 599 102 人次、96 836 516 人次、37 958 806 人次，均突破千万人次（表 2-6）。其中，安徽省的"科普中国"信息员传播量遥遥领先于其他省（自治区、直辖市）。

表 2-6 "科普中国"信息员 2021 年分地域传播量

省（自治区、直辖市）	传播量 / 人次	省（自治区、直辖市）	传播量 / 人次
北京市	164 764	湖北省	88 866
天津市	37 958 806	湖南省	135 599 102
河北省	376 792	广东省	1 375 307
山西省	632 415	广西壮族自治区	698 920
内蒙古自治区	13 060 363	四川省	1 124 360
辽宁省	1 458 429	贵州省	6 230 342
吉林省	2 382 422	云南省	6 360 818
黑龙江省	104 951	西藏自治区	4 926
上海市	503 669	陕西省	295 668
江苏省	6 427 506	甘肃省	970 186
浙江省	11 794 529	青海省	2 864 020
安徽省	96 836 516	宁夏回族自治区	10 370 793
福建省	2 152 993	新疆维吾尔自治区	1 733 731
江西省	4 198 391	海南省	26 487
山东省	2 426 555	重庆市	1 038 055
河南省	4 029 404		

第四节 "科普中国"信息员分地域发展特征

"科普中国"信息员在地区层面的发展整体较为稳定，不同的地区体现出不同的发展模式与发展进程。从图2-5可以明显看出，2021年各省（自治区、直辖市）的"科普中国"信息员注册量之间出现了数量级的差异。

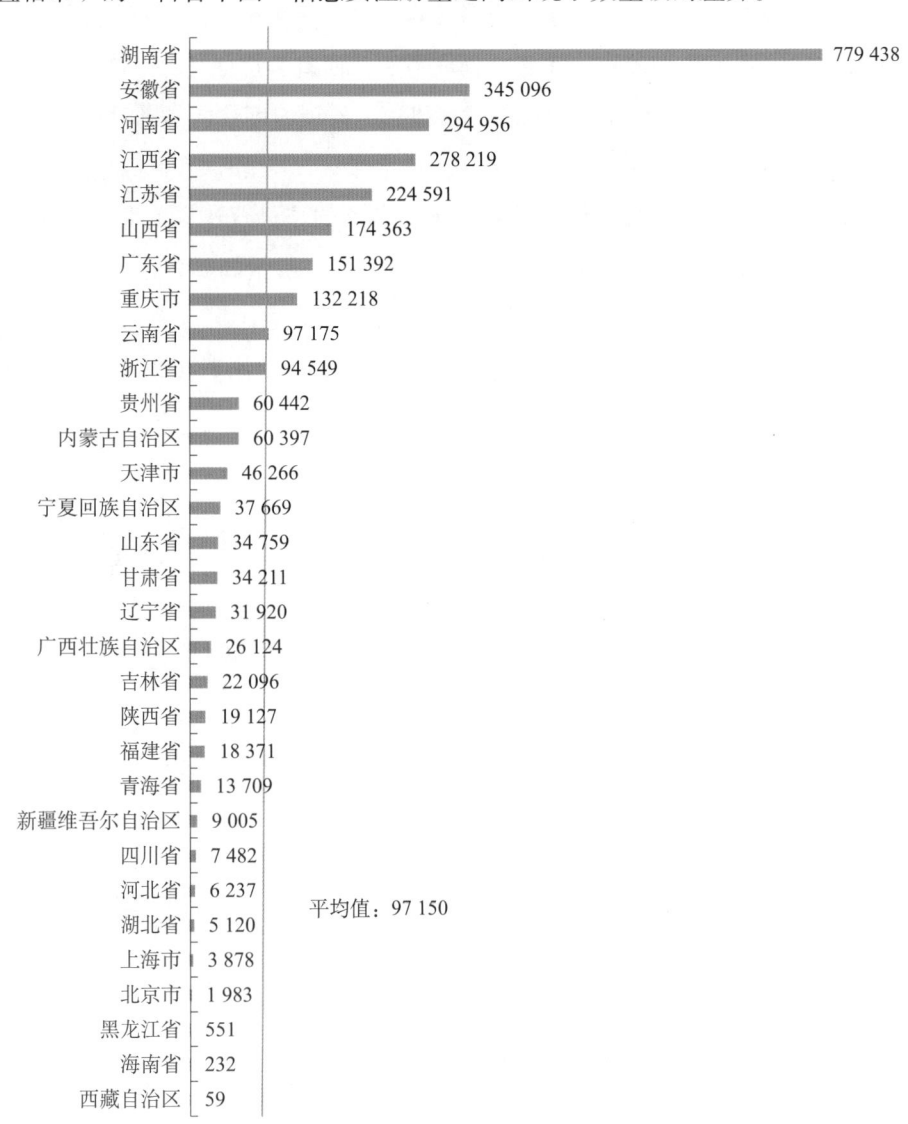

地区	注册量
湖南省	779 438
安徽省	345 096
河南省	294 956
江西省	278 219
江苏省	224 591
山西省	174 363
广东省	151 392
重庆市	132 218
云南省	97 175
浙江省	94 549
贵州省	60 442
内蒙古自治区	60 397
天津市	46 266
宁夏回族自治区	37 669
山东省	34 759
甘肃省	34 211
辽宁省	31 920
广西壮族自治区	26 124
吉林省	22 096
陕西省	19 127
福建省	18 371
青海省	13 709
新疆维吾尔自治区	9 005
四川省	7 482
河北省	6 237
湖北省	5 120
上海市	3 878
北京市	1 983
黑龙江省	551
海南省	232
西藏自治区	59

平均值：97 150

图2-5 2021年"科普中国"信息员分地域注册量数据（单位：人）

"科普中国"信息员的发展受多方面因素影响，根据其注册量的变化趋势，可以将"科普中国"信息员的发展方式统归为两类，即跳跃式发展和阶段式发展。

一、跳跃式发展

跳跃式发展广泛存在于几乎所有省（自治区、直辖市）的"科普中国"信息员发展中，比较典型的有广东省、河南省和江西省。特征是：总体发展速度较慢，但是在集中的一两个月时间里发展迅速，发展速度往往是平时速度的 10 倍以上。

以广东省为例。2021 年，广东省前 7 个月的"科普中国"信息员注册量并没有较大的变动，随后在 9 月产生了第一个注册量高峰，注册人数高达 2.78 万人。随后经 10 月的注册量回落，11 月再次产生了第二个注册量高峰，注册人数为 3.37 万人。随后注册量直线下降，12 月的注册量仅有 1.31 万人（图 2-6）。

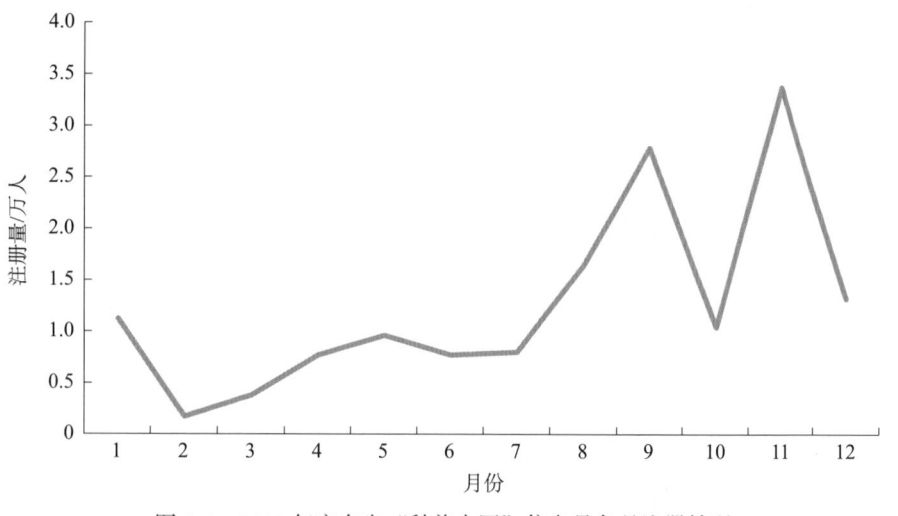

图 2-6 2021 年广东省"科普中国"信息员各月注册情况

河南省的"科普中国"信息员注册量变化情况更加明显，2021 年的 12 个月中仅存在一个注册峰值，即 12 月，注册人数高达 16.87 万人，其他各月的注册人数均小于 4 万人，峰值当月注册人数超过了总注册人数的 50%（图 2-7）。

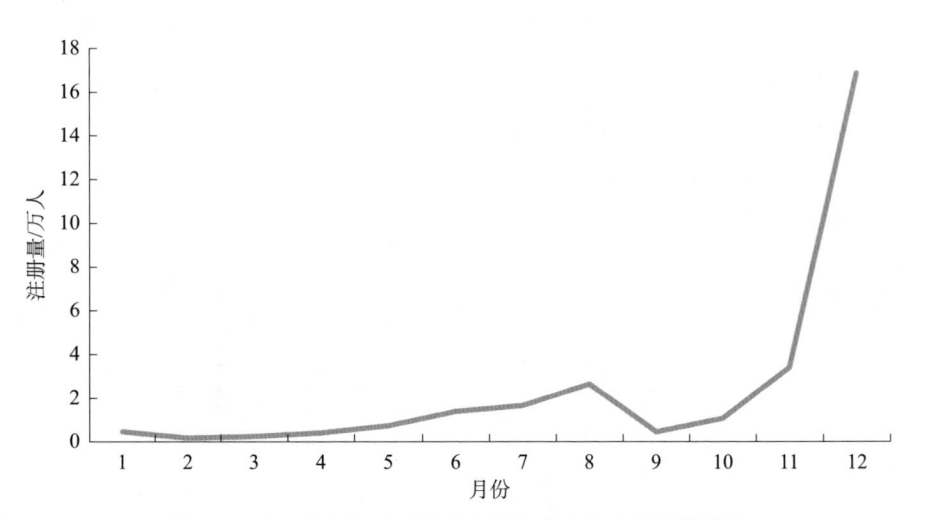

图 2-7　2021 年河南省"科普中国"信息员各月注册情况

　　同样的情况也出现在江西省，绝大多数的注册用户集中在 2021 年 12 月完成注册（图 2-8）。江西省的主要注册时间为 5 月、9 月与 12 月，12 月的注册峰值最高达到 20 万人。

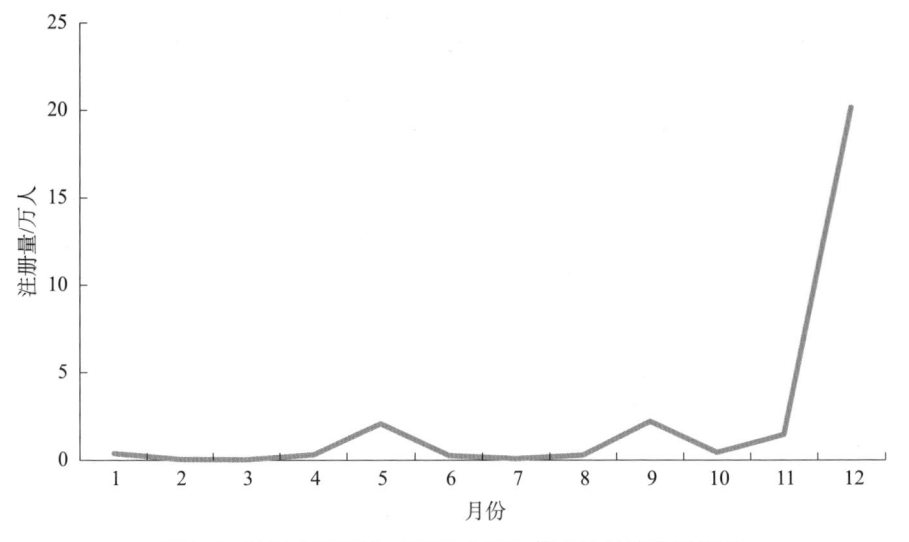

图 2-8　2021 年江西省"科普中国"信息员各月注册情况

二、阶段式发展

阶段式发展即往往遵循发展周期，在一年中有多个注册峰值。以福建省为例，2021 年出现了 4 个注册峰值，分别在 3 月、5 月、9 月和 11 月（图 2-9）。另外，每个发展周期保持着相似的注册特征，发展上升期不会超过一个月，在峰值后的一个月均有大幅回落。

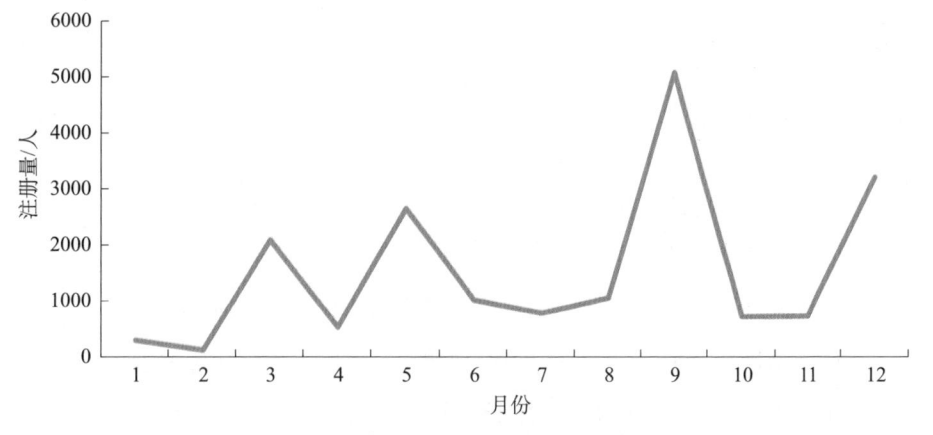

图 2-9　2021 年福建省"科普中国"信息员各月注册情况

类似的阶段式发展情况也出现在贵州省。2021 年产生了 3 个注册峰值，分别在 1 月、8 月与 11 月，峰值过后均有大幅回落（图 2-10）。

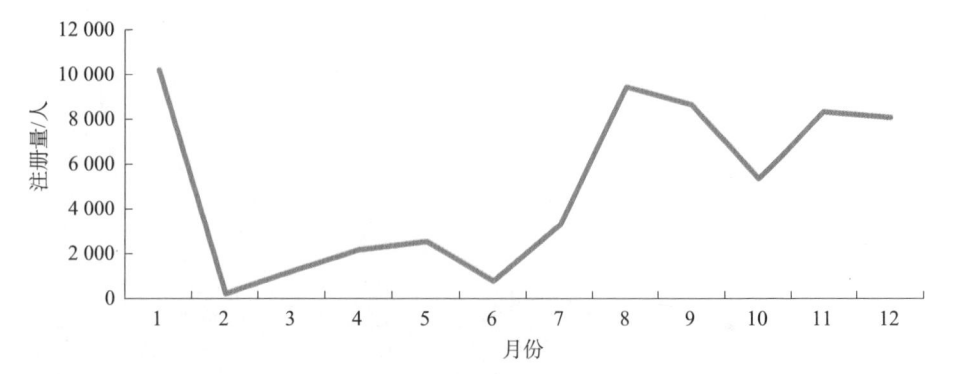

图 2-10　2021 年贵州省"科普中国"信息员各月注册情况

第五节 "科普中国"信息员行为数据分析

一、"科普中国"信息员活性

"科普中国"信息员活性是指"科普中国"信息员在注册后仍旧保持登录且使用"科普中国"APP新闻的比例,即月活跃用户数/"科普中国"信息员总量。"科普中国"信息员的整体活性较低,月活跃用户数基本维持在注册人数的8%以下。2021年2月达到了最低值,最低时月活跃用户数仅为注册人数的3.19%,整体活性随时间增长。上半年"科普中国"信息员活性较低,一度维持在5%以下。8月之后是活性较高的时段,维持在7%左右。11月是活性的峰值,达到了7.38%(图2-11)。

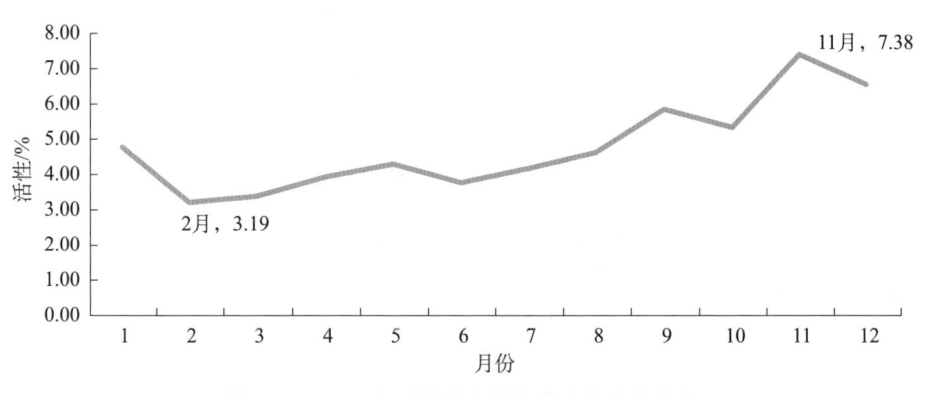

图2-11 2021年"科普中国"信息员活性变化

二、"科普中国"信息员传播能力分析

"科普中国"信息员的传播能力是指"科普中国"信息员在注册后每月进行传播行为与"科普中国"信息员总量比例,即传播量/"科普中国"信息员总量。

由图 2-12 可知，信息员的平均月传播量在 13 次以下，也就是说，平均每位"科普中国"信息员在当月的传播次数低于 13 次。2021 年 11 月是"科普中国"信息员传播次数的峰值，达到了 12.45 次 /（人·月）。

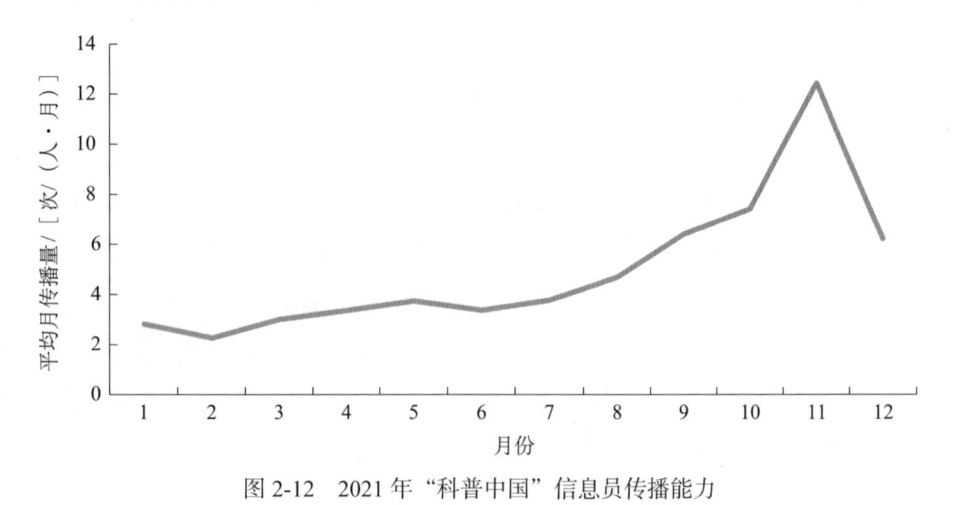

图 2-12　2021 年"科普中国"信息员传播能力

第六节　"科普中国"信息员发展整体特征

截至 2021 年底，"科普中国"信息员达到 854.54 万人，分享科普作品 8.35 亿余篇，有效打通了科普传播"最后一公里"，成为服务基层群众的移动"科普中国"e 站，为提升公民科学素质做出了积极贡献。

一、"科普中国"信息员注册量增长放缓

2017～2021 年，"科普中国"信息员的注册量呈上升趋势，从 2017 年 92 872 人的年注册量逐步上升到 2020 年的 3 514 633 人，2021 年略有下降（3 011 572 人）（图 2-13）。

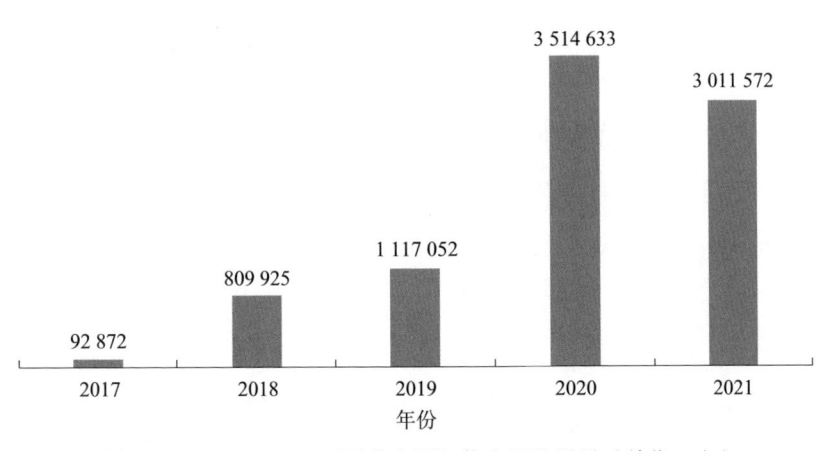

图 2-13　2017～2021 "科普中国"信息员注册量（单位：人）

二、"科普中国"信息员传播量显著提升

截至 2021 年 12 月，"科普中国"信息员的信息传播量累计达到了 8.35 亿人次。"科普中国"信息员的信息传播量总体呈逐年上升趋势，2017 年的传播量为 360 074 人次，2018 年的转播量达到了 16 412 018 人次，2019 年持续增长到了 78 081 220 人次，2020 年达到了 327 878 796 人次，2021 年则达到了 412 356 327 人次，整体数量可见明显上升（图 2-14）。

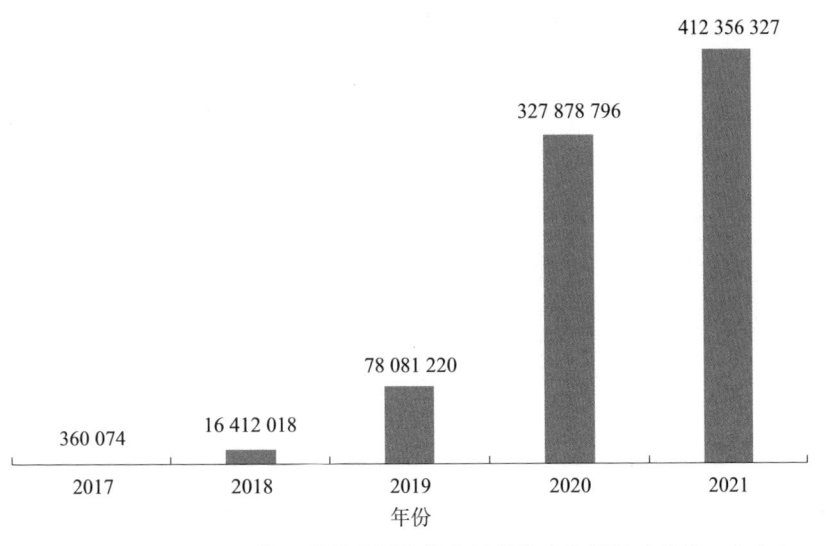

图 2-14　2017～2021 年 "科普中国"信息员的信息传播量（单位：人次）

三、"科普中国"信息员月度活跃量持续增长

"科普中国"信息员的月度活跃是指其当月访问过"科普中国"APP 新闻，"科普中国"信息员的月度活跃量是指当月活跃的"科普中国"信息员数量。"科普中国"信息员月度活跃量总体呈逐年上升趋势，2019 年月度活跃量为 1 198 370 人，2020 年为 3 547 755 人，2021 年为 3 840 017 人，相比 2020 年增加了约 8.24%（图 2-15）。

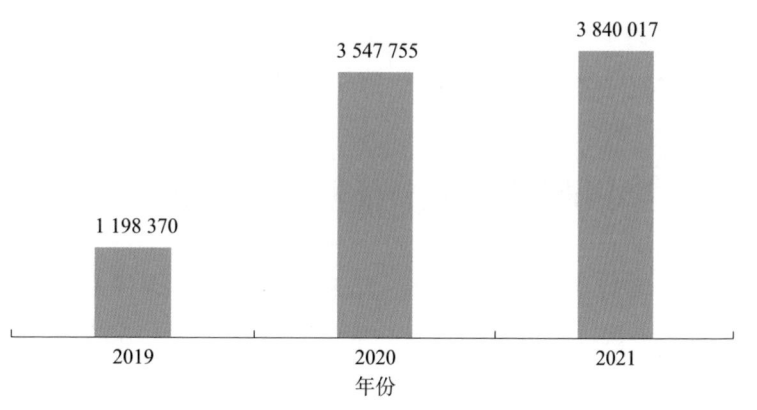

图 2-15　2019～2021 年"科普中国"信息员的月度活跃量（单位：人）

第三章 ■■■■■
"科普中国"公众满意度测评报告

"科普中国"公众满意度测评旨在调查和了解科普需求侧的公众评价意见，据此来检视和调整科普供给侧的资源投放重心，以持续提升"科普中国"的品牌价值和服务质量。"科普中国"公众满意度测评报告相比往年增加了与地域相关的人群画像分析与满意度变化分析，由此能够更加清晰地发现"科普中国"公众满意度的地域特征。

2021年的"科普中国"公众满意度测评延续了2020年的测评指标和方案，根据回收的问卷数据对"科普中国"的公众总体满意度及分项满意度进行分析和评估。

第一节 公众满意度测评指标

根据"科普中国"的内容组织结构和互联网传播特点，"科普中国"公众满意度调查定位于面向广大用户群体的科普公共品及相关服务的满意度测评，测评采用网络问卷方式。完整的公众满意度测评体系参见表3-1。

表3-1 "科普中国"公众满意度测评指标

模块		指标	权重/%	说明
满意度测评指标	内容（58%）	科学性	18	对科普内容的科学性的满意度
		趣味性	11	对科普内容的趣味性的满意度
		丰富性	11	对科普内容的丰富性的满意度
		有用性	12	对科普内容的有用性的满意度
		时效性	6	对科普内容的时效性的满意度

续表

模块		指标	权重 /%	说明
满意度测评指标	媒介（42%）	便捷性	8	对访问科普内容的便捷程度的满意度
		可读性	10	对科普图文、科普视频设计制作水平的满意度
		易用性	12	对界面交互的易用性的满意度
		准确性	12	对搜索、分类、推送准确性的满意度
满意度关联指标	效果	关注	20	增强对于科学的关注
		乐趣	20	提升参与科学的乐趣
		兴趣	20	提升参与科学的兴趣
		理解	20	加深对于科学的理解
		观点	20	形成对于科学的观点
	信任	认知信任	50	在认知中表现出信任
		情感信任	50	在社交型传播中表现出信任

测评体系包括内容、媒介、效果和信任四类满意度指标，从内容服务、信息媒介、品牌形象、科普效果四个方面反映公众对科普公共品及相关服务的满意度评价。其中，内容和媒介为满意度测评指标，用以加权计算满意度评分；信任和效果为满意度关联指标，从侧面反映影响满意度评分的潜在因素。

第二节　公众满意度测评结果

2021 年"科普中国"公众满意度测评结果表明，公众对"科普中国"提供的科普公共品及相关服务的总体结果为"非常满意"，对"科普中国"内容的满意度高于对媒介的满意度。在效果方面，公众在"获取信息"方面的获得感高于"体会乐趣""产生兴趣""加深理解""形成观点"；在信任方面，公众自己对"科普中国"的信任（认知信任）高于他们把"科普中国"的内容分享给他人的信任行为意愿（情感信任）。

不同的公众群体对"科普中国"的满意度有所差异。分性别来看，女性群体的满意度更高；分年龄段来看，26～35岁群体的满意度更高；分受教育程度来看，本科及以上受教育程度公众的满意度更高；分职业来看，行政/管理职业群体的满意度更高。

一、总体满意度评分为"非常满意"

2021年"科普中国"公众满意度评分如下：根据内容和媒介两项评分加权得到的满意度测评分是89.59，由受访者直接给出的总体满意度评分是91.20。按照满意度评分的五档分级，加权满意度为70～90，即"满意"，总体满意度为90～100，即"非常满意"（图3-1）。

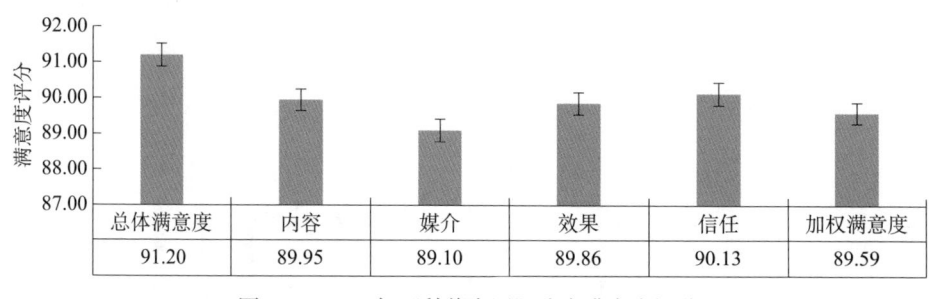

满意度评分	总体满意度	内容	媒介	效果	信任	加权满意度
	91.20	89.95	89.10	89.86	90.13	89.59

图 3-1　2021年"科普中国"公众满意度评分

二、满意度分项评分中，"认知信任"的评分最高

从分项评分来看，公众对"科普中国"内容的满意度高于对媒介的满意度；公众对平台的信任满意度高于效果满意度；具体到内容层面，公众对内容"科学性"与"丰富性"的满意度更高；具体到媒介层面，公众对界面交互"易用性"的满意度更高；具体到效果层面，公众在"增强对于科学的关注"方面的满意度更高；具体到信任层面，公众对"科普中国"的信任（自己相信）高于在传播方面的信任行为意愿（愿意推荐）（图3-2）。

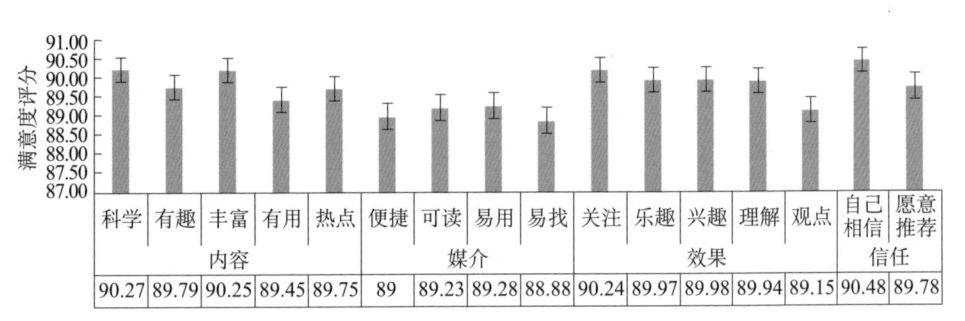

图 3-2　2021 年"科普中国"公众满意度分项评分

三、分群体满意度评分

针对不同性别、年龄、受教育程度和职业的受访者的问卷统计结果显示，全部群体的满意度均达到了"满意"及以上标准。女性群体的满意度略高于男性群体，36～50 岁群体的满意度更高，本科受教育程度群体的满意度更高，商业 / 服务业群体的满意度更高。12～18 岁群体、高中及以下受教育程度群体和学生群体的满意度相对较低（图 3-3 ）。

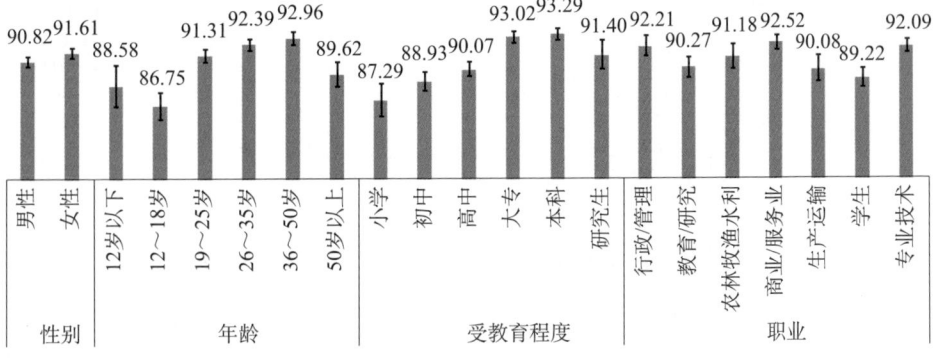

图 3-3　2021 年"科普中国"公众满意度分群体评分

（一）分性别评分，女性群体的满意度较高

女性群体对"科普中国"的总体满意度评分为 91.61，男性群体的总体满意度评分为 90.82，女性群体的总体满意度评分高于男性群体（图 3-4、表 3-2、表 3-3 ）。

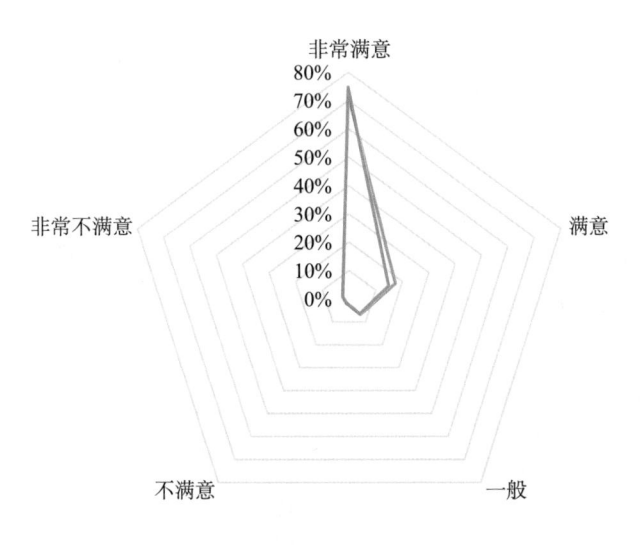

图 3-4 2021年"科普中国"公众满意度分性别占比

表 3-2 2021年"科普中国"分性别满意度占比 （单位：%）

	男性	女性
非常满意	71.72	74.66
满意	17.29	14.94
一般	6.76	6.48
不满意	1.85	1.61
非常不满意	2.39	2.31

表 3-3 2021年"科普中国"分性别满意度评分 （90%CI）

性别	总体满意度	内容	媒介	效果	信任	加权满意度
男性	90.82 ± 0.44	89.61 ± 0.43	88.53 ± 0.46	89.61 ± 0.43	89.61 ± 0.45	89.16 ± 0.43
女性	91.61 ± 0.45	90.31 ± 0.43	89.71 ± 0.45	90.12 ± 0.44	90.68 ± 0.44	90.06 ± 0.43

（二）分年龄评分，19～50岁群体表示"非常满意"

36～50岁群体对"科普中国"的总体满意度评分为92.96，高于其他年龄段群体；26～35岁群体的总体满意度评分为92.39；50岁以上群体的总体满意度评分为89.62；19～25岁群体的总体满意度评分为91.31；12～18岁群体的总体满意度评分为86.75；12岁以下群体的总体满意度评分为88.58。

相比2020年的分年龄数据，各个群体的满意度都发生了变化。其中满意度评分上升幅度最大的是50岁以上群体，其满意度由86.63上升到了89.62。满意度评分下降幅度最大的是12～18岁群体，其满意度由89.14下降为86.75（图3-5、表3-4、表3-5）。

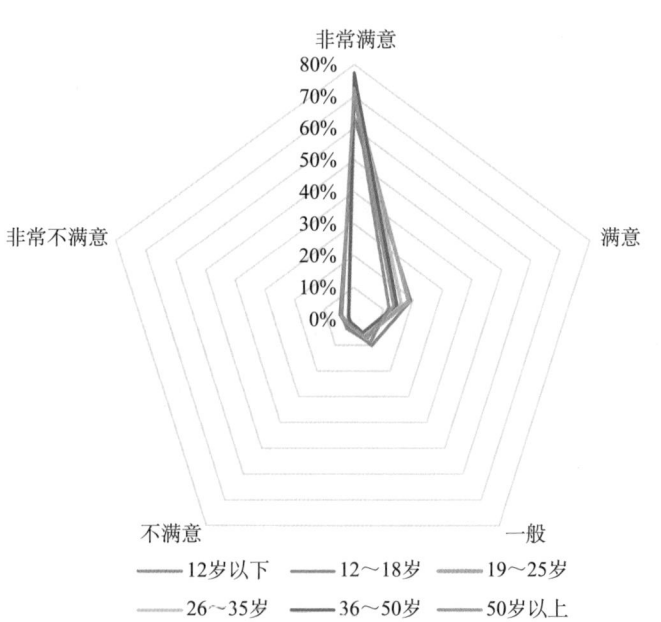

图3-5 2021年"科普中国"公众满意度分年龄评分

表3-4 2021年"科普中国"分年龄满意度占比　　　　（单位：%）

	12岁以下	12～18岁	19～25岁	26～35岁	36～50岁	50岁以上
非常满意	71.31	63.31	71.54	75.34	77.35	72.59
满意	11.93	19.17	18.45	15.97	14.57	13.54
一般	9.09	10.06	6.71	5.70	5.19	7.48
不满意	3.69	2.84	1.63	1.29	1.30	2.17
非常不满意	3.98	4.62	1.68	1.70	1.59	4.23

表 3-5 2021 年"科普中国"分年龄满意度评分 （90%CI）

年龄段	总体满意度	内容	媒介	效果	信任	加权满意度
12 岁以下	88.58 ± 1.87	87.02 ± 1.84	86.09 ± 1.88	87.55 ± 1.93	86.53 ± 1.97	86.63 ± 1.77
12～18 岁	86.75 ± 1.22	84.6 ± 1.15	82.74 ± 1.25	84.67 ± 1.17	83.17 ± 1.26	83.82 ± 1.16
19～25 岁	91.31 ± 0.61	90.03 ± 0.57	89.20 ± 0.61	89.69 ± 0.59	90.21 ± 0.60	89.68 ± 0.57
26～35 岁	92.39 ± 0.53	91.53 ± 0.50	90.98 ± 0.52	91.60 ± 0.49	92.19 ± 0.49	91.3 ± 0.50
36～50 岁	92.96 ± 0.62	91.91 ± 0.61	91.22 ± 0.66	91.68 ± 0.64	92.15 ± 0.64	91.62 ± 0.62
50 岁以上	89.62 ± 1.10	87.98 ± 1.06	86.93 ± 1.12	87.82 ± 1.08	88.46 ± 1.09	87.54 ± 1.06

（三）分受教育程度评分，高中及以上受教育程度的群体表示"非常满意"

本科受教育程度群体对"科普中国"的总体满意度评分为 93.29，高于其他受教育程度群体；研究生受教育程度群体的总体满意度评分为 91.40；大专受教育程度群体的总体满意度评分为 93.02；高中受教育程度群体的总体满意度评分为 90.07；初中受教育程度群体的总体满意度评分为 88.93；小学受教育程度群体的总体满意度评分为 87.29（图 3-6、表 3-6、表 3-7）。

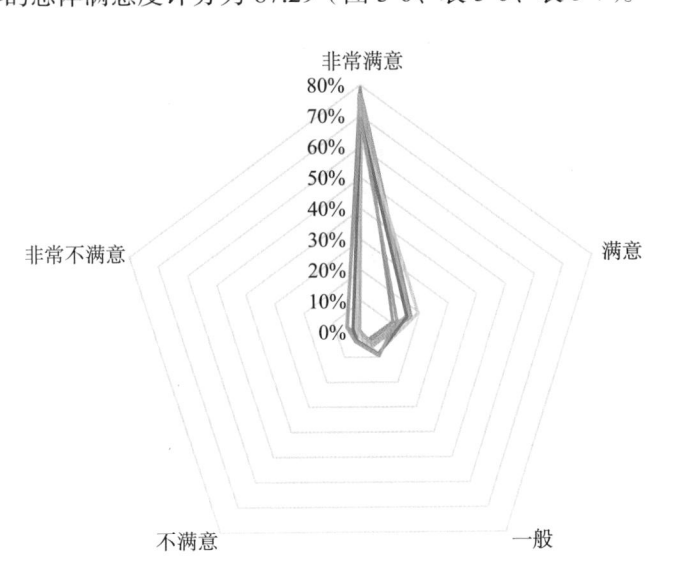

图 3-6 2021 年"科普中国"公众满意度分受教育程度占比

表 3-6 2021 年"科普中国"分受教育程度满意度占比 （单位：%）

	研究生	本科	大专	高中	初中	小学
非常满意	79.19	76.62	76.37	68.21	69.28	69.35
满意	10.71	16.62	15.96	19.54	15.57	12.16
一般	3.11	4.70	5.36	8.61	8.84	9.42
不满意	1.86	0.76	1.05	1.66	3.16	3.77
非常不满意	5.12	1.31	1.27	1.99	3.16	5.31

表 3-7 2021 年"科普中国"分受教育程度满意度评分 （90%CI）

受教育程度	总体满意度	内容	媒介	效果	信任	加权满意度
小学	87.29 ± 1.55	85.89 ± 1.50	84.62 ± 1.56	85.76 ± 1.58	85.82 ± 1.59	85.35 ± 1.48
初中	88.93 ± 0.87	87.93 ± 0.82	86.95 ± 0.89	88.27 ± 0.82	87.88 ± 0.86	87.52 ± 0.83
高中	90.07 ± 0.67	88.63 ± 0.64	87.86 ± 0.68	88.23 ± 0.67	88.37 ± 0.70	88.31 ± 0.64
大专	93.02 ± 0.57	91.85 ± 0.55	91.33 ± 0.58	91.50 ± 0.56	92.37 ± 0.56	91.63 ± 0.55
本科	93.29 ± 0.53	91.78 ± 0.52	90.85 ± 0.56	91.92 ± 0.51	92.29 ± 0.53	91.39 ± 0.52
研究生	91.40 ± 1.32	90.89 ± 1.23	89.75 ± 1.30	90.68 ± 1.25	90.99 ± 1.25	90.41 ± 1.23

（四）分职业评分，商业/服务业及行政/管理职业群体的满意度更高

商业/服务业职业群体对"科普中国"的总体满意度评分为 92.52，高于其他职业群体；行政/管理职业群体的总体满意度评分为 92.21；专业技术职业群体的总体满意度评分为 92.09；农林牧渔水利职业群体的总体满意度评分为 91.18；教育/研究职业群体的总体满意度评分为 90.27；生产运输职业群体的总体满意度评分为 90.08；学生群体的总体满意度评分为 89.22（图 3-7、表 3-8、表 3-9）。

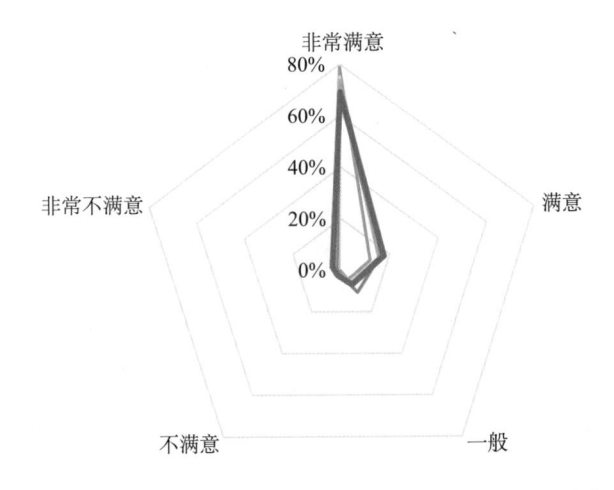

图 3-7 2021年"科普中国"公众满意度分职业占比

表 3-8 2021年"科普中国"分职业满意度占比   （单位：%）

	教育/研究	行政/管理	专业技术	商业/服务业	生产运输	农林牧渔水利	学生
非常满意	71.34	78.78	73.33	75.12	70.02	73.68	69.21
满意	16.25	12.02	17.41	16.57	15.82	15.50	17.57
一般	7.14	4.69	6.67	5.61	10.71	6.40	7.02
不满意	2.95	0.47	1.54	1.22	1.48	1.85	2.52
非常不满意	2.32	4.04	1.05	1.49	1.98	2.56	3.68

表 3-9 2021年"科普中国"分职业满意度评分   （90%CI）

职业	总体满意度	内容	媒介	效果	信任	加权满意度
行政/管理	92.21 ± 0.93	91.61 ± 0.88	90.75 ± 0.92	91.16 ± 0.90	91.99 ± 0.90	91.25 ± 0.88
教育/研究	90.27 ± 0.91	89.46 ± 0.81	88.61 ± 0.87	89.46 ± 0.82	89.65 ± 0.85	89.10 ± 0.82
农林牧渔水利	91.18 ± 1.11	89.39 ± 1.13	88.93 ± 1.20	89.51 ± 1.14	90.07 ± 1.15	89.20 ± 1.14
商业/服务业	92.52 ± 0.66	91.32 ± 0.65	90.93 ± 0.67	91.32 ± 0.64	92.10 ± 0.64	91.16 ± 0.65
生产运输	90.08 ± 1.19	89.39 ± 1.11	89.07 ± 1.14	89.32 ± 1.14	89.72 ± 1.14	89.25 ± 1.09
学生	89.22 ± 0.85	87.21 ± 0.82	85.44 ± 0.89	87.16 ± 0.85	85.93 ± 0.91	86.47 ± 0.82
专业技术	92.09 ± 0.59	90.79 ± 0.56	89.97 ± 0.61	90.62 ± 0.58	91.27 ± 0.58	90.45 ± 0.57

（五）分省域评分，100 评分人以上地域中上海的满意度最高

在参与调查的 31 个省（自治区、直辖市）中，海南省、贵州省、天津市、宁夏回族自治区、青海省、西藏自治区、甘肃省参与满意度调查的人数较少，不具有统计学意义。以 100 人参与问卷调查为限，超过 100 人的地区有 24 个。其中，对"科普中国"的总体满意度评分排名前三位的地区是上海市（96.59）、北京市（96.58）、福建省（95.58），四川省对"科普中国"的总体满意度评分最低（85.17）。评分为"非常满意"的地区有 14 个，其余地区均为"满意"（图 3-8）。

第三节 公众满意度人群画像

一、满意度影响因素分析

针对受访者分组的问卷统计结果，"科普中国"公众满意度测评报告通过皮尔逊相关系数[①]分析了性别、年龄、受教育程度等因素对"科普中国"总体满意度的影响，在表 3-10 中以"+"表示影响程度较低，"++"表示影响程度中等，"+++"表示影响程度较高。

性别、年龄、受教育程度三类因素均对用户满意度有显著的影响。用户的受教育程度对"科普中国"满意度的影响最大，且受教育程度越高的用户，对"科普中国"的满意度越高。同样的趋势也体现在年龄上：年龄越大的用户，对"科普中国"的满意度越高。但年龄对用户满意度的影响明显小于受教育程度对用户满意度的影响。对满意度影响最低的是用户的性别差异，女性的满意度往往会比男性略高。

---

① 皮尔逊相关系数（Pearson correlation coefficient）是一种线性相关系数，用来反映两个变量的线性相关程度，系数介于 [-1,1] 之间，绝对值越大表明相关性越强。P 表示系数的显著性，显著性是指系数是否具有统计学意义，也就是说，是否可以用来进行数据分析、支持结论。通常以 $P < 0.05$ 作为显著性的阈值，P 值越小代表数据越可信。

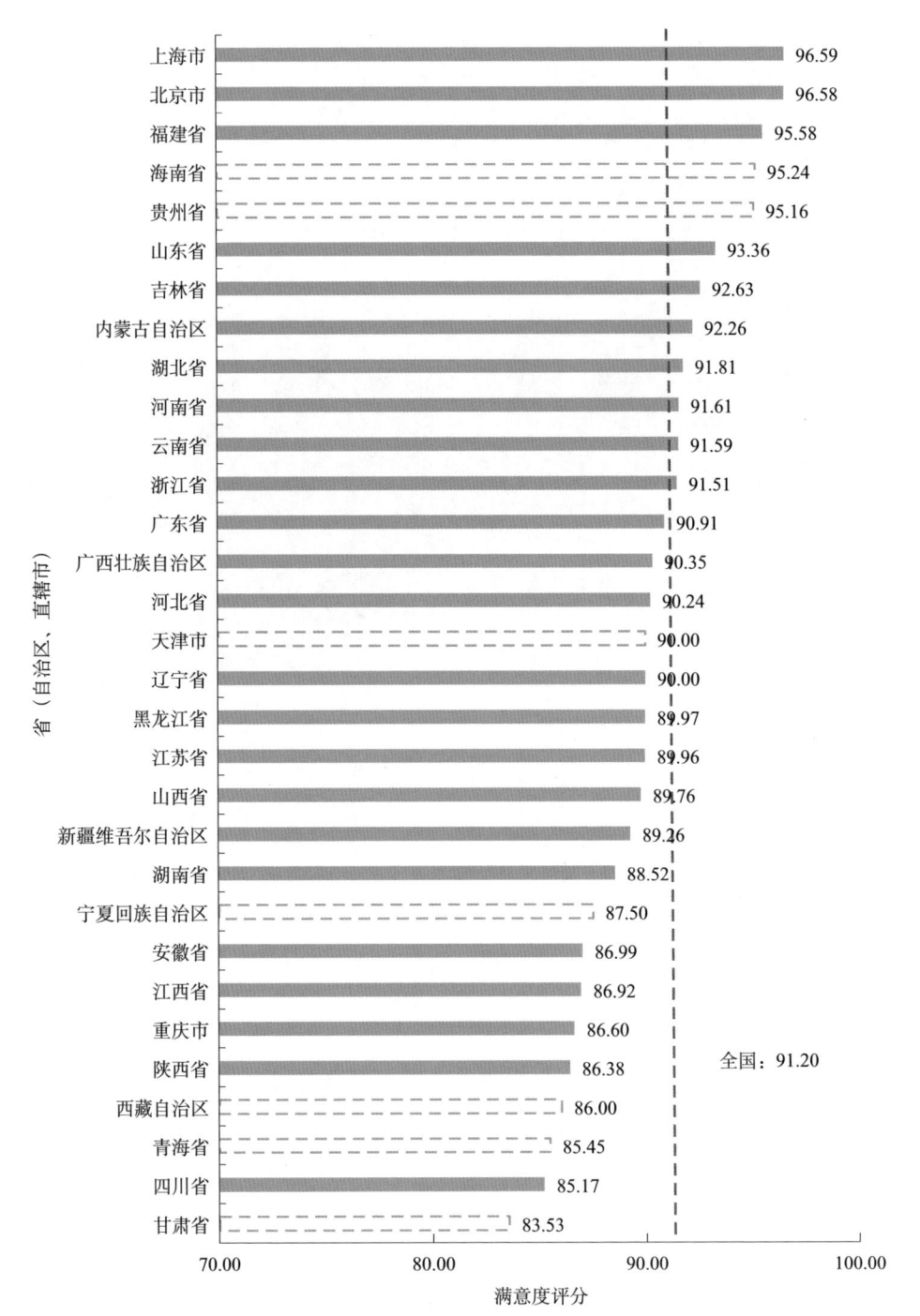

图 3-8 2021 年 "科普中国" 公众满意度分省域评分

注：受访者超过 100 人的地区以实线条表示，其他地区以虚线条表示。

表 3-10 2021 年"科普中国"影响因素分析

	总体满意度	科学性	趣味性	丰富度	有用度	热点	便捷性	设计水平	易用性	准确性
性别	+**	+**	+**	+**	+**	+**	+**	+**	+**	+**
年龄	++**	++**	++**	++**	++**	++**	++**	++**	++**	++**
教育	+++**	+++**	+++**	+++**	+++**	+++**	+++**	+++**	+++**	+++**
	优质信息	科学乐趣	科学兴趣	更深理解	形成看法	相信	推荐	内容维度	媒介维度	效果维度
性别	+	+**	+	+**	+**	+	+**	+**	+**	+*
年龄	++**	++	++**	++**	++**	++**	++**	++**	++**	++**
教育	+++**	+++**	+++**	+++**	+++**	+++**	+++**	+++**	+++**	+++**
	信任维度	满意度测评指标	满意度关联指标	加权满意度						
性别	+*	+*	+*	+*						
年龄	++**	++**	++**	++**						
教育	+++**	+++**	+++**	+++**						

* 表示显著性 $P < 0.05$，** 表示显著性 $P < 0.01$。

（一）性别特征：女性满意度更高，更乐意分享，更注重信息丰富度

在针对满意度性别差异的分析中，将性别变量量化，男性选项量化为 1，女性选项量化为 2。在数据分析中，若性别与满意度呈正相关，则意味着女性比男性的满意度更高。

数据结果显示，一部分满意度的关注点呈现出更加明显的性别特征：女性的整体满意度高于男性，且更加注重科普内容的丰富度与"科普中国"的易用性。相比于男性，女性更愿意将内容分享给其他人。性别为"科普中国"满意度带来的不同，集中体现在对媒介的满意度上：男性对"科普中国"传播媒介

的满意度明显低于女性，这种满意度的差异更细致地体现在"科普中国"内容获取的丰富程度以及获取科普信息的易用性上。

同时，分析也显示出一部分用户对"科普中国"的满意程度与性别关系较弱。不同性别的用户对是否通过"科普中国"获取了优质的信息与科学兴趣并无明显不同。另外，男性与女性对"科普中国"品牌的信任程度也相对一致（图3-9）。

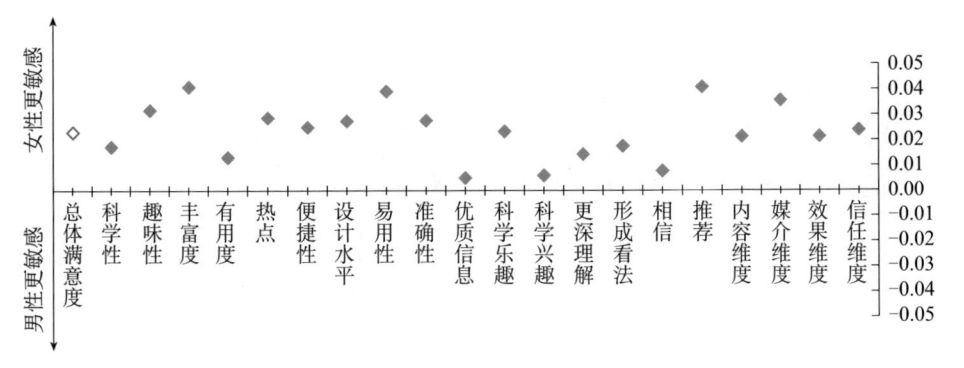

图3-9 2021年用户性别差异对"科普中国"满意度的影响

（二）年龄特征：年长者更注重易用性，对"科普中国"的满意度更高，更加信任"科普中国"品牌

从总体来看，年龄差异对满意度的影响整体大于性别对满意度的影响。

对不同年龄用户的满意度的分析显示，一部分满意度的关注点会更受用户年龄的影响：年长者的整体满意度高于年轻人，他们更愿意将看到的内容分享给他人。同时，年长者十分注重获取科普信息的易用性与准确性。相比于年轻人，年长者更加关注他们阅览的内容是否使自己形成了对科学的看法。同时，不同年龄的人对"科普中国"品牌的信任程度有着明显的差异。在问卷的四个维度之中，信任维度相对于其他维度与年龄的相关性更高一些，这意味着年龄差异对"科普中国"满意度的影响更多地体现在对"科普中国"品牌形象的满意度上。也就是说，年长者倾向于更加信任，而年轻人对"科普中国"品牌的信任程度并没有年长者那样高（图3-10）。

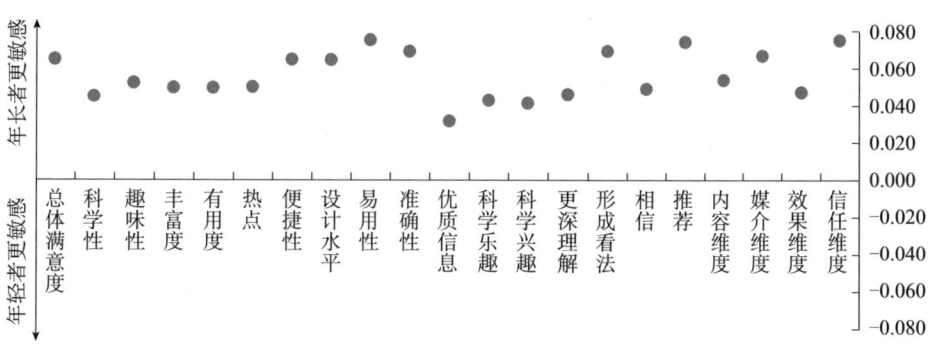

图 3-10 2021 年用户年龄对"科普中国"满意度的影响

（三）受教育程度特征：受教育程度越高的群体对"科普中国"的满意度更高，更加重视科普内容的有用性

用户对"科普中国"满意度的差异与其受教育程度的不同相关度更高，受教育程度越高的用户对"科普中国"更加满意。受教育程度为用户满意度带来的不同体现在很多细节中：受教育程度越高的用户对科普内容的科学性、丰富度、实用性、及时性以及浏览科普内容的便捷性都表示满意，而受教育程度越低的用户在这四个方面的满意度较低。受教育程度越高的用户更加倾向于认为通过"科普中国"获得了优质信息。同时，用户的受教育程度也明显影响了用户对内容的满意度，受教育程度越高的用户倾向于满意，而受教育程度越低的用户对内容的满意度相对较低。总体来说，从总体满意度与加权满意度两个角度来看，受教育程度对满意度有显著影响且高受教育程度群体的满意度高于受教育程度低群体的满意度（图 3-11）。

二、满意度时序分析

将总体满意度等进行时序分析[①]也就是进行随时间变化的分析，可以对以往

---

① 本文使用了局部加权回归作为处理方式对数据进行了时序分析（analysis of time sequence）。普通的线性回归是以线性的方法拟合出数据的趋势，但是对于有周期性、变化性的数据，并不能简单地以线性的方式拟合，否则模型会偏差较大，局部加权回归能较好地处理这类问题。它可以拟合出一条符合整体趋势的线，进而做出预测。局部加权回归的特征在于将数据按数量等距离分割，分别进行线性回归，而后将线性回归结果综合形成一个整体模型。

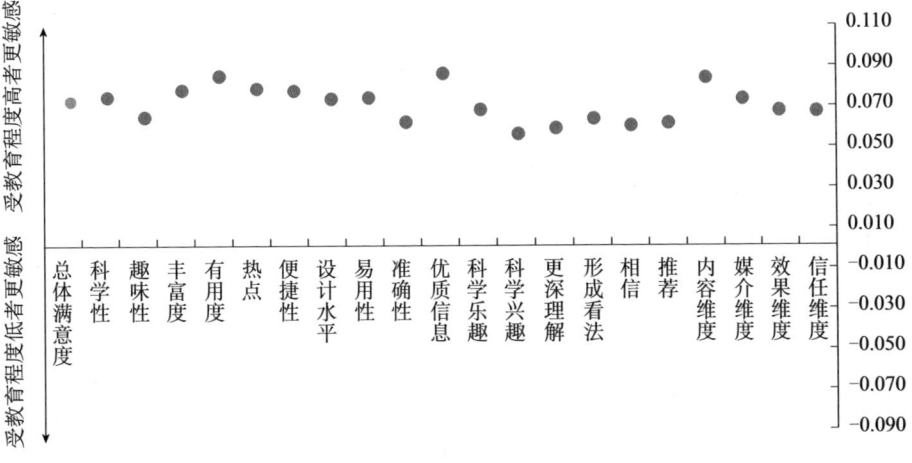

图 3-11　2021 年用户受教育程度对"科普中国"满意度的影响

不同人群在不同时期的满意度的动态变化特征进行判断，获得对满意度的趋势、周期性、峰值更加深入的了解。同时，时序分析还能预测一部分满意度变化趋势。

（一）总体满意度随时间变化较大

对 2021 年 1 月 1 日至 12 月 31 日的所有总体满意度数据进行局部加权回归分析得到如图 3-12 所示模型。从图中可以看出，总体满意度在 12 个月中变化幅度较大。满意度在最高 96.34 至最低 85.11 之间变化，总体分数仍然在满意范围内。

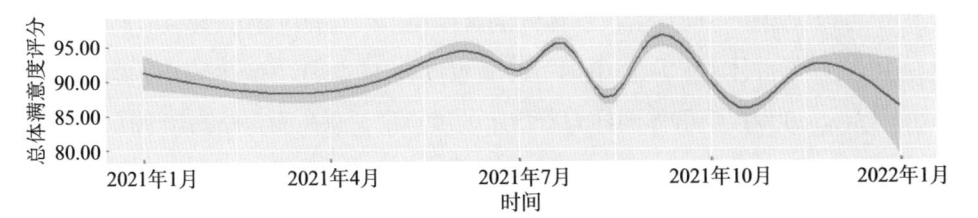

图 3-12　"科普中国"满意度时序分析

总体满意度评分在 2021 年 6 月前较为稳定，分数在 87.40 至 95.10 之间变化，在 6 月后满意度分数变化较为剧烈，在 85.11 至 96.34 之间动荡变化。

总体满意度最高出现在 2021 年 9 月，为 96.34；满意度最低出现在 2021 年 11 月，为 85.11。最大降幅出现在 2021 年 9 月与 11 月，总体满意度连续下降了 11.23。

（二）不同性别的满意度随时间变化区别较大

根据分性别总体满意度数据局部加权回归分析得到如图 3-13 所示模型。从图中可以看出，不同性别的满意度在 12 个月中变化差别较大。女性的满意度最高为 99.12，最低为 85.10；男性的满意度最高为 95.36，最低为 85.12。总体而言，女性的满意度较高，男性的满意度变化幅度不大。

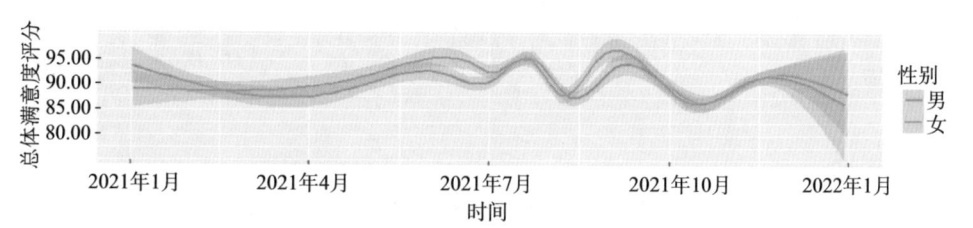

图 3-13 "科普中国"满意度分性别时序分析

女性满意度极差为 14.02，男性满意度极差为 10.24。结合图 3-13 可知，女性的满意度相对于男性的满意度变化较快，意味着女性对于"科普中国"的总体变化更加敏感，在满意度最低值时男性与女性的满意度虽不在同一时间但数值相同，但是在最高值时男性的满意度比女性低 3.76，这也从侧面证明了女性受访者对"科普中国"的正面敏感度较高。

（三）青年及中年的满意度在不同时期的变化较大

根据分年龄总体满意度数据局部加权回归分析得到如图 3-14 所示模型，从图中可以看出，不同年龄段群体的满意度在 12 个月中变化的差别较大。

18 岁以下群体对"科普中国"的满意度在 12 个月中变化较小，均维持在 86.00 上下。50 岁以上群体同样有着稳定的满意度，总体而言略高于 90.00。相对于这两个年龄段，另外两个年龄段变化较大：26～35 岁群体、36～50 岁群体在 12 个月中的满意度有着相似的变化曲线，满意度均在 85.00 至 98.00 之间变化且幅度较大。19～25 岁群体的满意度评分变化相对较为平缓，维持在 90.00 左右。

（四）研究生受教育程度群体的满意度随时间变化最大

根据不同受教育程度总体满意度数据局部加权回归分析得到如图 3-15 所示

模型。从图中可知，不同受教育程度群体的满意度在 12 个月中变化差别较大。

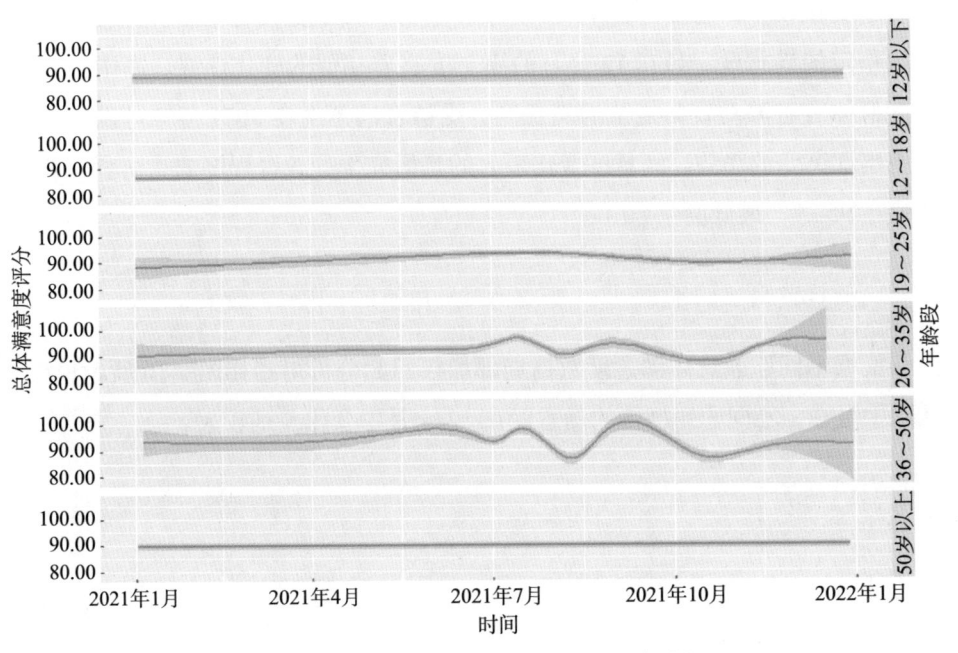

图 3-14 "科普中国"满意度分年龄时序分析

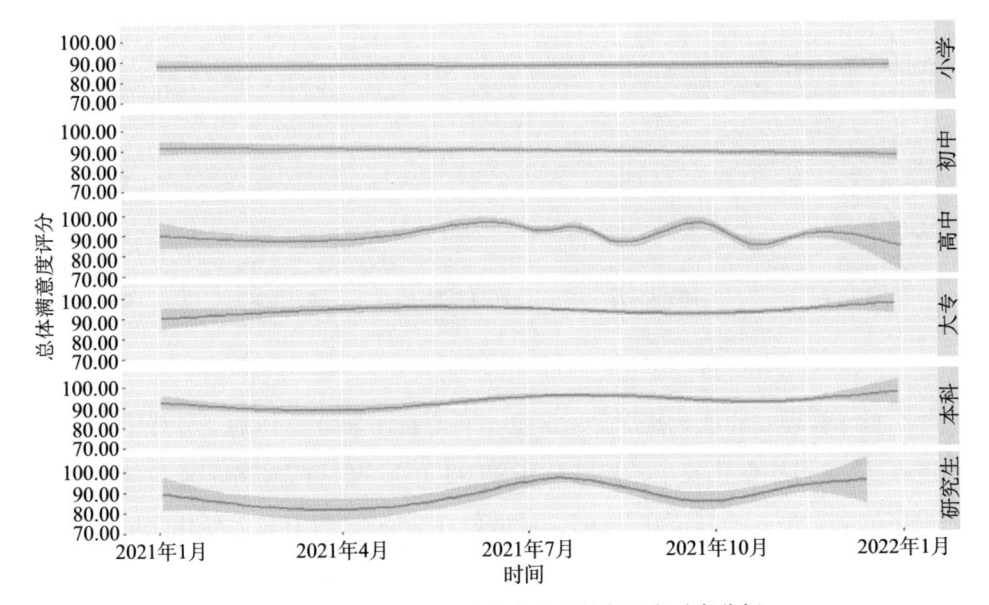

图 3-15 "科普中国"满意度分受教育程度时序分析

小学受教育程度群体与初中受教育程度群体的"科普中国"满意度在 12 个月中变化较小，均维持在 90.00 上下。本科、大专受教育程度群体有着同样较为稳定的满意度，且在 12 个月的满意度有着相似的变化曲线。高中受教育程度群体有着波动较为复杂的满意度，受访者满意度在 2021 年 7 月以后的时间中出现突变的趋势。满意度变化最大的是研究生受教育程度的受访者，其最高值在 95.27，最低值在 80.12。

（五）教育 / 研究职业人群的满意度随时间变化最大

根据不同职业总体满意度数据局部加权回归分析得到如图 3-16 所示模型。从图中可知，不同职业群体的满意度在 12 个月中变化差别较大。

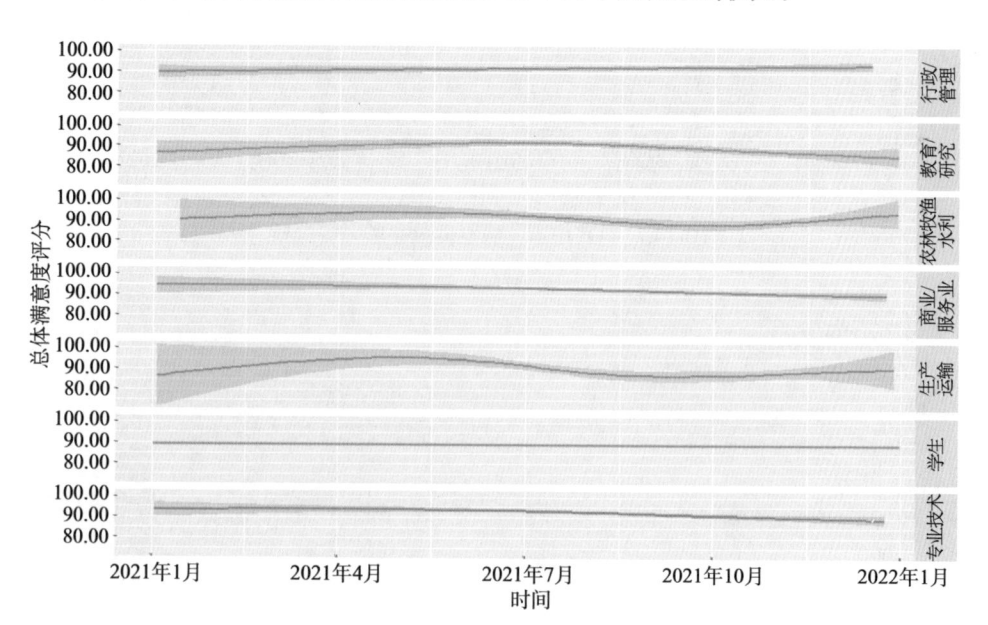

图 3-16　2021 年"科普中国"满意度分职业时序分析

行政 / 管理、商业 / 服务业、学生、专业技术职业群体的"科普中国"满意度在 12 个月中变化较小，均维持在 90.00 上下。教育 / 研究职业群体有着较为稳定的满意度，最高值在 94.65，最低值在 85.37，没有较大变化。满意度变化较大的是从事农林牧渔水利与生产运输职业的群体，其最高值在 96.85，最低值在 84.69。

第四节 问卷数据说明

2021 年 1～12 月的"科普中国"公众满意度问卷测评共回收有效问卷 12 603 份。经过问卷数据筛查，过滤掉答题时间过长和过短的问卷，并删除基础问题（问题 1 至问题 4）回答矛盾的问卷，共保留 8257 份有效问卷，问卷有效比例为 65.52%。问卷筛查条件是：①答题时长介于 30～300 秒；②年龄、学历、职业无明显互斥性。

一、受访者构成

在 8257 位有效受访者中，男性有 4275 人，女性有 3982 人；按年龄，26～35 岁的受访者最多，有 2474 人；按受教育程度，本科受教育程度的受访者最多，有 1980 人；按职业，专业技术身份的受访者最多，有 1815 人（图 3-17）。

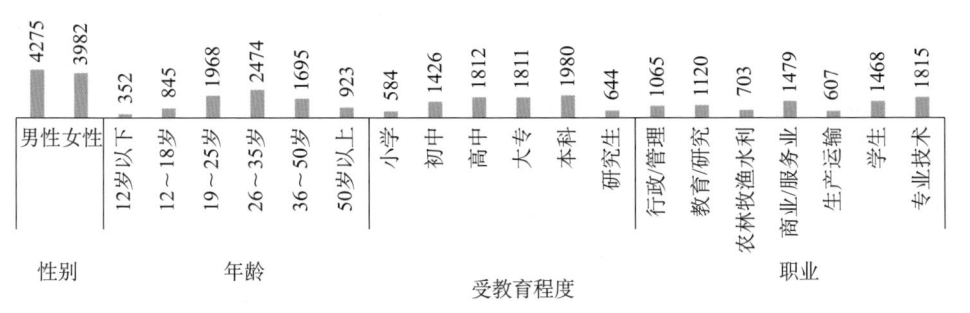

图 3-17 2021 年有效问卷受访者构成

二、有效问卷评分描述统计（90%CI）

本次有效问卷评分描述见表 3-11。

表 3-11　2021 年有效问卷评分描述统计　　　　　　　　（90%CI）

	总体满意度	加权满意度	内容	媒介	效果	信任	科学	有趣	丰富
平均值	91.20	89.59	89.95	89.10	89.86	90.13	90.27	89.79	90.25
标准误差	0.17	0.16	0.16	0.17	0.17	0.18	0.18	0.18	0.17
标准差	16.58	15.13	15.21	15.84	15.96	16.99	16.84	17.09	16.74
样本方差	274.94	228.82	231.44	250.88	254.8	288.75	283.53	292.16	280.15
均值置信区间	0.28	0.26	0.26	0.27	0.27	0.29	0.29	0.29	0.29
	有用	热点	便捷	可读	易用	易找	关注	乐趣	兴趣
平均值	89.45	89.75	89.00	89.23	89.28	88.88	90.24	89.97	89.98
标准误差	0.18	0.18	0.18	0.18	0.18	0.18	0.18	0.18	0.19
标准差	17.68	17.31	17.66	17.45	17.68	17.55	17.37	17.57	17.89
样本方差	312.66	299.8	311.86	304.35	312.74	307.86	301.78	308.75	320.09
均值置信区间	0.3	0.3	0.3	0.3	0.3	0.3	0.3	0.3	0.31
	理解	观点	自己相信	愿意推荐					
平均值	89.94	89.15	90.48	89.78					
标准误差	0.19	0.19	0.18	0.2					
标准差	17.98	18.37	17.7	18.78					
样本方差	323.21	337.48	313.3	352.67					
均值置信区间	0.31	0.31	0.3	0.32					

三、分群体总体满意度评分描述统计（90%CI）

本次有效问卷分群体总体满意度评分描述见表 3-12。

表 3-12 2021 年分群体总体满意度评分描述统计　　（90%CI）

	男性	女性	12 岁以下	12～18 岁	19～25 岁	26～35 岁	36～50 岁	50 岁以上
平均值	90.82	91.61	88.58	86.75	91.31	92.39	92.96	89.62
标准误差	0.44	0.45	1.87	1.22	0.61	0.53	0.62	1.10
标准差	18.49	14.79	18.75	23.39	16.72	14.84	15.91	21.69
样本方差	341.95	218.85	351.41	547.30	279.47	220.08	253.26	470.65
均值置信区间	0.48	0.34	0.86	3.11	0.5	0.44	0.71	2.56
	小学	初中	高中	大专	本科	研究生	行政/管理	教育/研究
平均值	87.29	88.93	90.07	93.02	93.29	91.4	92.21	90.27
标准误差	1.55	0.87	0.67	0.57	0.53	1.32	0.93	0.91
标准差	13.23	19.33	15.34	17.78	23.28	16.90	16.37	17.32
样本方差	175.09	373.73	235.37	316.10	542.05	285.6	267.92	300.01
均值置信区间	0.40	0.88	0.59	0.68	2.03	0.95	0.87	0.85
	农林牧渔水利	商业/服务业	生产运输	学生	专业技术			
平均值	91.18	92.52	90.08	89.22	92.09			
标准误差	1.11	0.66	1.19	0.85	0.59			
标准差	15.98	15.90	15.72	16.24	17.39			
样本方差	255.39	252.73	247.01	263.78	302.39			
均值置信区间	1.07	0.61	1.14	0.56	0.65			

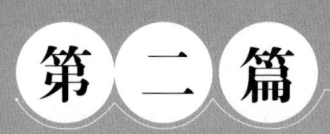

第二篇

互联网科普舆情数据报告

　　互联网科普舆情研究是通过对全网科普大数据的抓取与分析，了解网民关注的科普领域热点，通过对重点、热点科普事件发生时的科普舆情开展多维度分析，解读事件发酵的传播路径与公众态度，为相关部门决策提供科学依据和支持。本报告的数据源由人民网舆情数据中心提供，从数据与报告特征来看，数据源突出各个时间段的热点科普事件与辟谣事件。

第四章 ■■■■■■
互联网科普舆情数据报告的内容框架

为了获取数据，人民网舆情数据中心监测了网络新闻、报刊、论坛博客、微信、微博、APP新闻共六大平台的数据。本研究相关报告的数据抓取即以此为背景，根据提前选定的八大科普领域种子词，通过技术手段对全网六大来源的相关科普数据进行抓取，结合人工分析形成互联网科普舆情数据报告，共有四种呈现形式，分别是研究月报、研究季报、研究年报和研究专报。

第一节 科普领域主题及监测媒介范围

在本次互联网科普舆情研究中，首先确定了八大科普领域的主题及其种子词库，八大科普领域主题分别是健康舆情、能源利用、生态环境、前沿科技、航空航天、应急避难、食品安全、伪科学舆情。每个科普领域主题下都有相应的种子词库，种子词库每月进行迭代更新。此外，根据科普舆情研究的领域，人民网舆情数据中心确定了科普媒介平台类别，通过技术手段为这些科普媒介平台打上科普标签，建立科普舆情监测的科普媒介平台范围，并定期进行迭代更新。通过技术手段对不同科普媒介平台信息的用户群体特征、科普信息量及用户阅览评价指标（粉丝数、文章数、阅读数、评论数、转发数、点赞数等）、重点热点科普信息的传播路径等内容进行抓取分析，以文字、图示、趋势图等形式进行呈现，形成研究月报、研究季报、研究年报、研究专报。

第二节 互联网科普舆情报告的内容结构

互联网科普舆情报告主要通过"数据自动抓取 + 人工阅览分析"的方式来形成。

一、互联网科普舆情月报的内容结构

互联网科普舆情月报主要包括 3 个部分，分别是：舆情数据、科普热点事件、热点谣言与辟谣。

1. 舆情数据

主要通过对微博、微信、网络新闻、APP 新闻、论坛博客、报刊六大平台的相关科普信息进行抓取分析，统计不同平台的科普信息数量和占比情况。对六大平台不同数量的信息用柱状图呈现，对其占比情况用饼图呈现。

2. 科普热点事件

主要是对科普热点事件的陈述与分析，包括舆情概述、媒体报道内容解析。

3. 热点谣言与辟谣

主要是对科普辟谣事件进行解析，包括辟谣事件的传播情况、谣言与真相、真相来源。

二、互联网科普舆情季报的内容结构

季报在月报的基础上撰写，同样包括月报的 3 个部分。季报与月报的内容、呈现形式及逻辑起点都是一样的，不同的是：季报的数据比月报的数据量更大、数据收集的周期更长、数据百分比分布及排名结果等略有不同。

三、互联网科普舆情年报的内容结构

年报在收集全年数据的基础上撰写而成，数据量更大，周期更长，相关结论和月报及季报的也略有不同。

四、互联网科普舆情专报的内容结构

专报共分为舆情综述、舆情数据、媒体观点、网民观点、传播效果 5 个部分。其中，舆情数据部分包括舆情事件发生前后在报刊、网络新闻、论坛、微博、微信、APP 新闻六大平台的传播数据。

本研究采用文本分析法，共包括 12 期月报、4 期季报和 1 期年报，研究首先对月报和季报采用统计学的方法进行取样，参考 1 期年报的相关内容，对样本中的相关数据结论进行分析，形成规律性认识。另对 8 期专报中的科普热点事件进行统计学分析。

第五章 ■■■■■
互联网科普舆情数据月报分析

纵观 2021 年 12 个月的科普舆情月报，我们可以发现一些规律，以下分别进行阐述。

第一节 互联网科普舆情月报数据分析

对 2021 年 12 期互联网科普舆情月报进行统计分析后发现，与其他媒介传播平台相比，APP 新闻、微信和网络新闻的科普舆情信息量在六大平台中排名前三位。

一、APP 新闻、微信和网络新闻是科普信息总量排名前三位的平台

通过全年数据可以看出，微博的科普信息总量偶尔会进入前三名，但从总的数量来看，排名前三位的媒介平台仍以 APP 新闻、微信和网络新闻为主。

在 12 个月中，APP 新闻平台在其中 6 个月的科普信息总量都排名第一位；微信平台有 4 个月的科普信息总量排名第一位，4 个月排名第二位；网络新闻平台的科普信息总量有 1 个月排名第一位；微博平台的科普信息总量有 1 个月排名第一位（图 5-1）。从总的科普信息量数据来看，在 12 个月中，APP 新闻

平台的信息总量为 366.27 万篇，微信平台的科普信息总量为 293.83 万篇，网络新闻平台的科普信息总量为 237.83 万篇，微博平台的科普信息总量为 229.10 万篇。

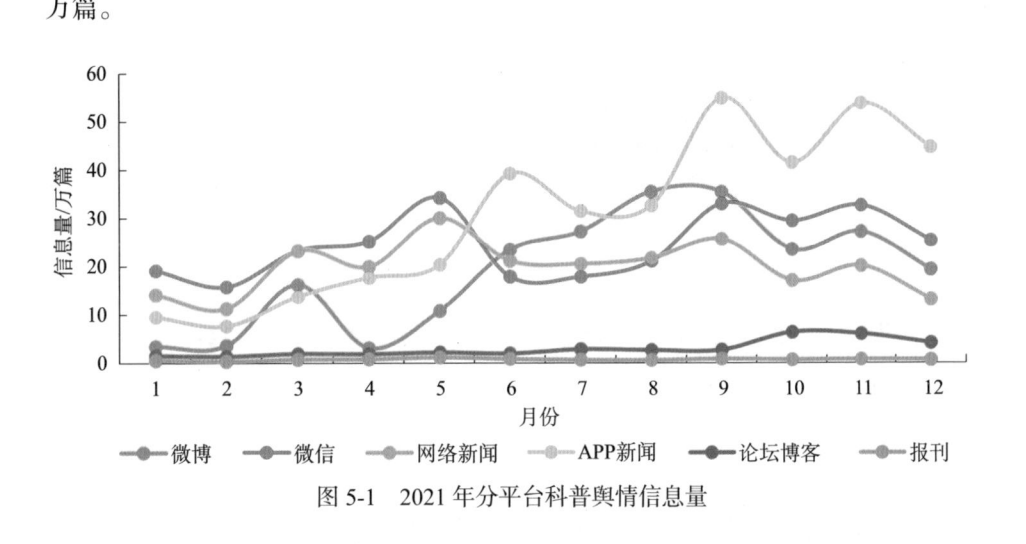

图 5-1　2021 年分平台科普舆情信息量

二、前沿科技、应急避难、生态环境是热度指数较高的前三位

对 2021 年全年的 12 期月报进行数据分析可以发现，在八大科普领域主题中，热度指数综合排名前三位的是前沿科技、应急避难和生态环境。综合全年的排名来看，在 12 个月中，前沿科技主题因为涉及疫苗研究等相关技术，与百姓生活密切相关，始终排名第一位；应急避难主题在 12 个月中有 5 个月排名第二位；生态环境主题在 12 个月中有 8 个月排名第二位；航空航天主题在 6 月之前稳定排名第六位，6 月之后排名变更为第二、三、四位（图 5-2）。

三、微博、微信和 APP 新闻是"科普中国"信息总量排名前三位的平台

在对 2021 年 12 个月的互联网科普舆情月报进行统计分析后发现，与其他媒介传播平台相比，微博、微信和 APP 新闻的"科普中国"信息量在六大媒

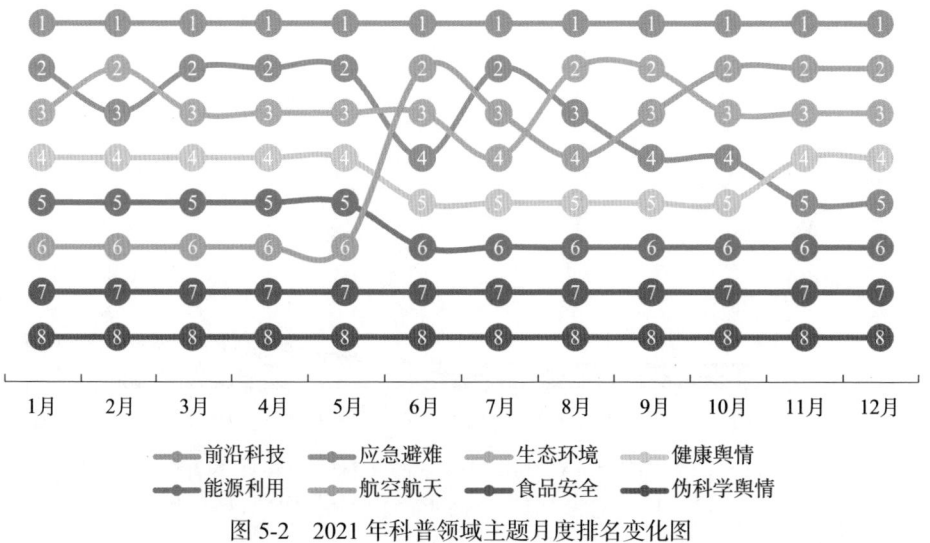

前沿科技　应急避难　生态环境　健康舆情
能源利用　航空航天　食品安全　伪科学舆情

图 5-2　2021 年科普领域主题月度排名变化图

介平台中主要排名在前三位。

通过全年数据可以看出，在 12 个月中，微信平台的"科普中国"信息总量有 9 个月排名第一位，有 3 个月排名第二位；微博平台的"科普中国"信息总量有 3 个月排名第一位，有 3 个月排名第二位；网络新闻平台的"科普中国"信息总量有 4 个月排名第二位，APP 新闻平台的"科普中国"信息总量有 2 个月排名第二位。从"科普中国"总的信息量数据来看，在 12 个月中，微信平台的"科普中国"信息总量为 147 763 篇，微博平台的"科普中国"信息总量是 267 272 篇，APP 新闻平台的"科普中国"信息总量为 68 590 篇（图 5-3）。

四、北京市、广东省和湖北省是科普舆情信息发布热区排名前三位

通过对 2021 年 10 期月报中科普舆情信息地域发布热区的统计和分析可以看出，上海市、北京市、广东省和贵州省轮流占据第一的位置。上海市有 7 个月排名第一位，北京市有 3 个月排名第一位，广东省有 1 个月排名第一位，贵州省有 1 个月排名第一位（图 5-4）。通过地域特点和排名顺序可以看出，经济发达的一线城市及新闻热点城市在科普舆情信息产出和网络存量方面都具有突出的优势。

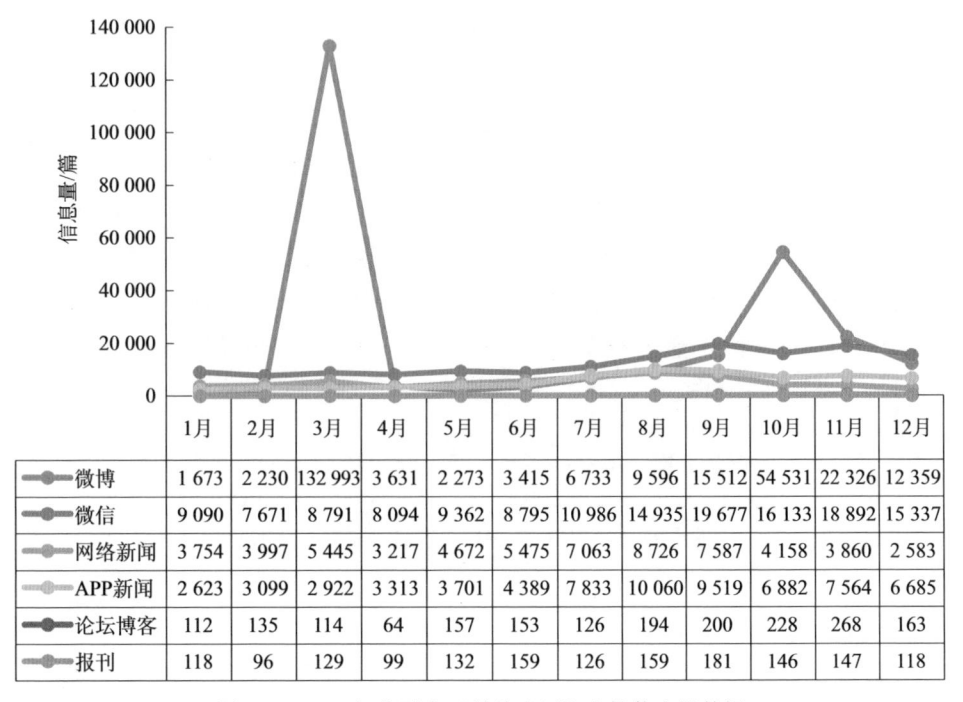

	1月	2月	3月	4月	5月	6月	7月	8月	9月	10月	11月	12月
微博	1 673	2 230	132 993	3 631	2 273	3 415	6 733	9 596	15 512	54 531	22 326	12 359
微信	9 090	7 671	8 791	8 094	9 362	8 795	10 986	14 935	19 677	16 133	18 892	15 337
网络新闻	3 754	3 997	5 445	3 217	4 672	5 475	7 063	8 726	7 587	4 158	3 860	2 583
APP新闻	2 623	3 099	2 922	3 313	3 701	4 389	7 833	10 060	9 519	6 882	7 564	6 685
论坛博客	112	135	114	64	157	153	126	194	200	228	268	163
报刊	118	96	129	99	132	159	126	159	181	146	147	118

图 5-3　2021 年分平台"科普中国"舆情信息量数据

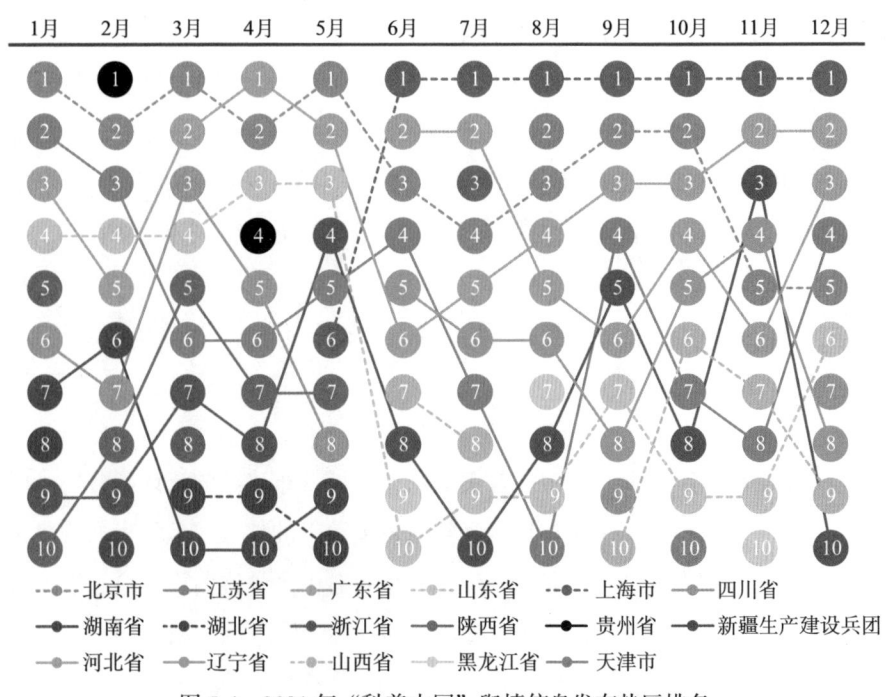

图 5-4　2021 年"科普中国"舆情信息发布热区排名

第二节　互联网科普舆情月报案例分析

第二节　互联网科普舆情月报案例分析

2021年全年共有12期互联网科普舆情月报，这里选取3月与9月的月报作为案例进行分析。

一、互联网科普舆情3月月报

（一）舆情数据

1. 科普舆情数据

数据显示，2021年3月1～31日，涉及科普的网络新闻为231 940篇（含转载），报刊7830篇，论坛博客19 110篇，微信231 844篇，微博162 347条，APP新闻136 578篇（图5-5）。受第三届中国科普月活动舆情热度影响，本月科普舆情数据量较2月大幅增加，总数据量环比上升98.79%。

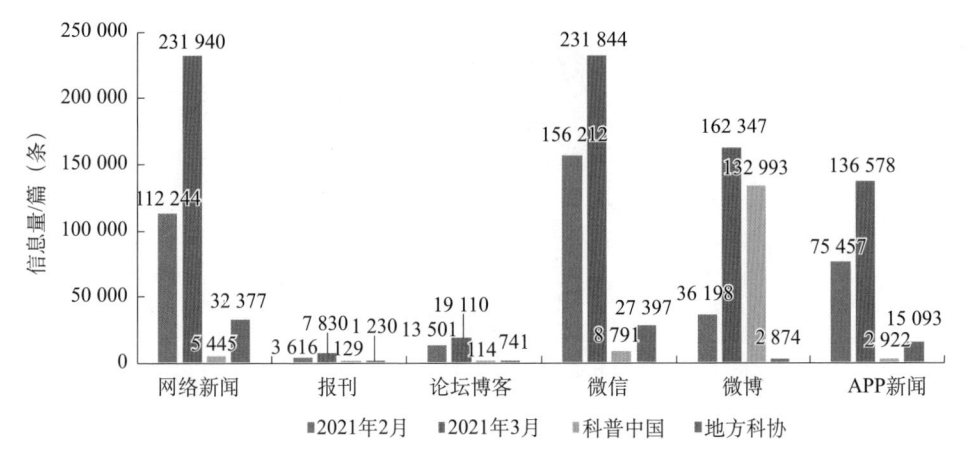

图5-5　2021年2月和3月科普舆情数据对比

本月全网科普信息传播中，微信、网络新闻和微博是主要传播渠道，分别占比29%、29%和21%。此外，APP新闻、论坛博客和报刊平台的传播量稍低，分别占比17%、3%和1%。微信、APP新闻和论坛博客平台的舆情量占比环比分别降低 10%、2% 和 1%，微博和网络新闻的舆情量占比环比分别增加 12% 和 1%（图 5-6）。

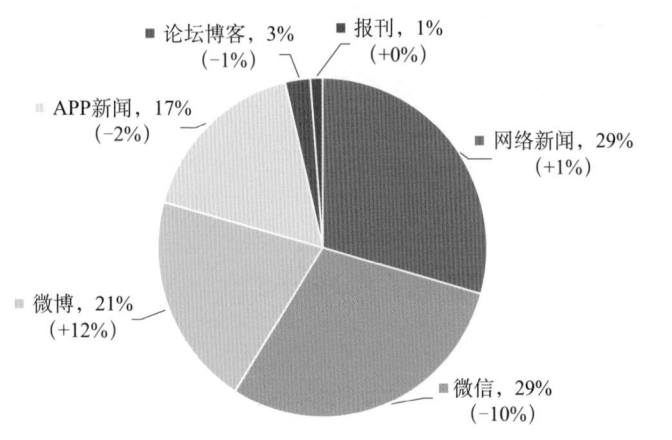

图 5-6　2021 年 3 月科普舆情各平台占比（括号中数字为环比增减幅度）

本月科普舆情热度较高的领域分别为前沿科技、应急避难和生态环境（图 5-7）。

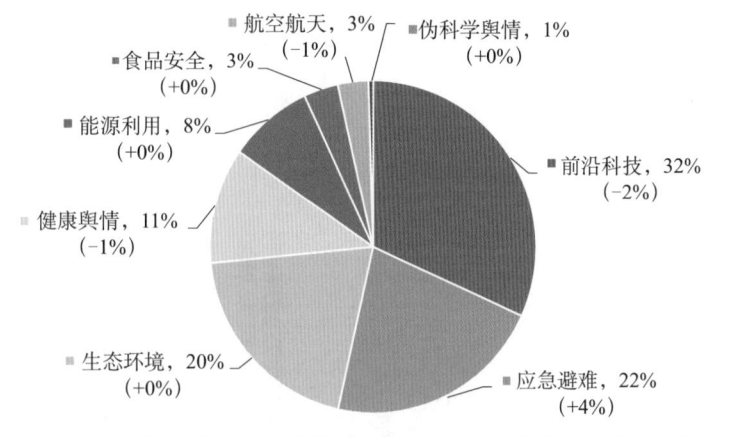

图 5-7　2021 年 3 月科普舆情领域分布（括号中数字为环比增减幅度）

2."科普中国"舆情数据

数据显示，在监测时段内，涉及"科普中国"的网络新闻为 5445 篇（含转载），报刊 129 篇，论坛博客 114 篇，微信 8791 篇，微博 132 993 条，APP 新闻 2922 篇（图 5-8）。

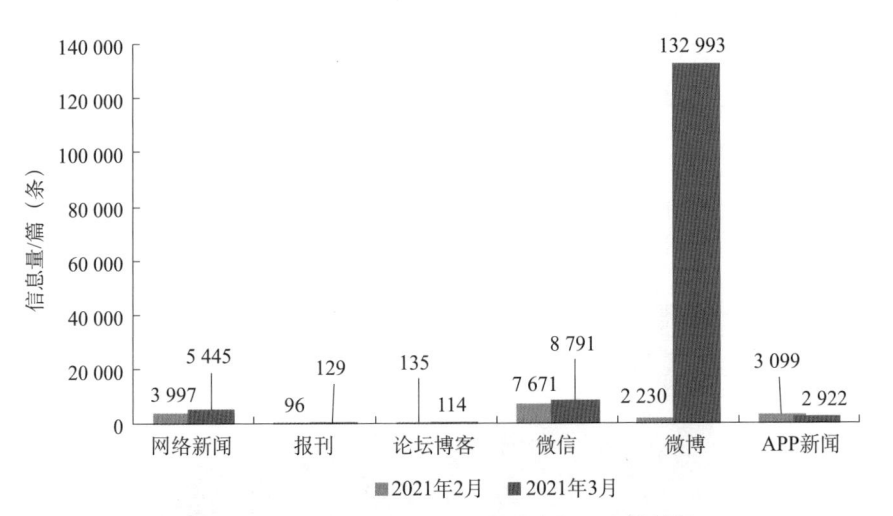

图 5-8　2021 年 2 月和 3 月"科普中国"舆情数据

在本月全网科普信息传播中，微博是"科普中国"舆情的主要传播渠道，占比 88.4%；微信、网络新闻、APP 新闻、报刊、论坛博客舆情占比相对较低，分别为 5.8%、3.6%、2.0%、0.1% 和 0.1%（图 5-9）。

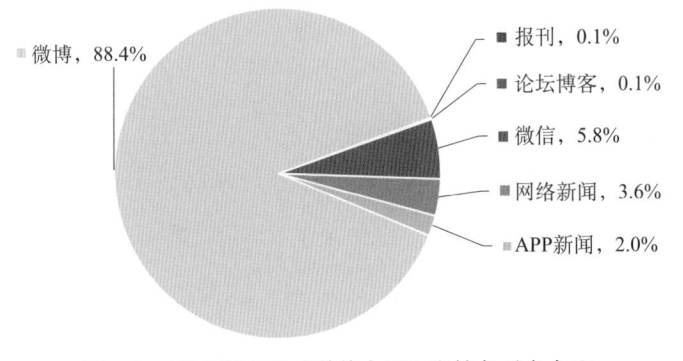

图 5-9　2021 年 3 月"科普中国"舆情各平台占比

本月"科普中国"舆情总体上呈波动运行态势，每逢周末和法定节假日，科普信息传播量就会下降。3 月 15 日，第三届中国科普月·新知充电站开启，相关新闻助推舆情热度在该天达到峰值。同时，第三届中国科普月相关活动在全国范围内举办，相关新闻广泛传播。"科普中国"发起的微博话题"# 中国科普月 #"阅读量超 9 亿次，舆情热度持续高热。

3. 地方科普传播对比

本月，在地方科普传播方面，北京、广东和四川表现较为突出，传播量均超5000篇（条）。此外，山东、陕西、江苏和浙江等地的科普传播也较为突出，其传播量均为4000篇（条）以上（图5-10）。

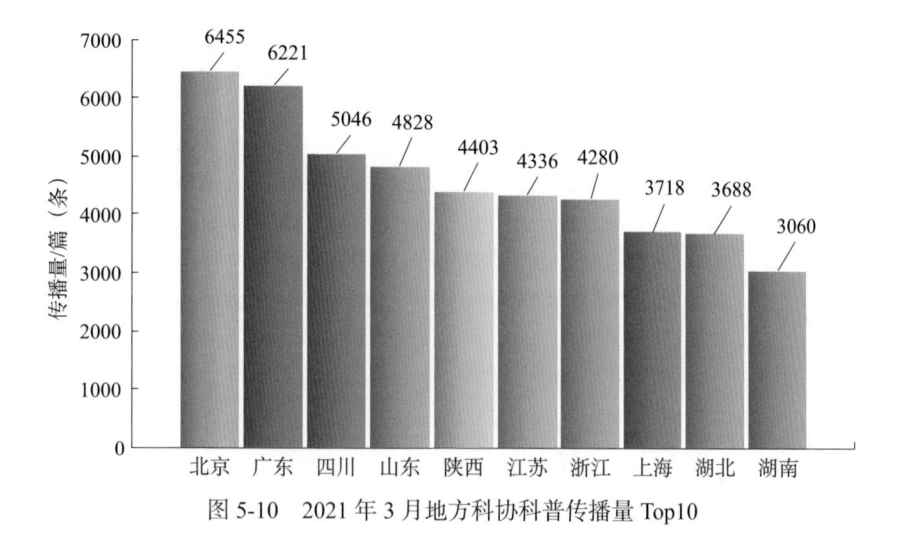

图5-10　2021年3月地方科协科普传播量Top10

（二）科普热点事件

1. 第三届中国科普月活动全面启动

3月22日，"科普中国"、新浪新闻联合打造的第三届中国科普月活动在"科普中国"官方微博平台如约开启，相关动态引发媒体集中关注。相关报道在本月的全网传播量如下：网络新闻56篇，微博7440条，微信38篇，APP新闻90篇。

2. 各类科普大赛在全国多地举行

本月，各类科普大赛在全国范围内陆续举行。人民网、澎湃新闻网等媒体纷纷参与报道和转发相关新闻。相关报道在本月的全网传播量如下：网媒746篇，报刊28篇，微信568篇，微博100条，APP新闻331篇。

（三）热点谣言与辟谣

本月的热点谣言及热度值如表5-1所示。

表 5-1　2021 年 3 月热点谣言及热度值

序号	谣言	热度值
1	三北防护林"开了口子"吹走雾霾迎来沙尘暴	1682
2	角膜塑形镜能矫正近视	913
3	喝红糖补铁	554
4	麻醉药七氟烷可以"一捂就晕"	481
5	喝热水可以缓解痛经	475
6	网红减肥咖啡可以健康减肥	439
7	沙尘雾霾来袭，木耳、猪血、雪梨可以清肺	298
8	熬夜可以通过"补觉"补回来	230
9	"美白针"能一针见效	199
10	识图软件挖野菜，既方便又靠谱	182

注：该表格为人工不完全统计，谣言来源为各媒体、自媒体发布的谣言榜单及辟谣报道，热度值 = 网媒关注度 ×0.2+ 纸媒关注度 ×0.2+ 论坛关注度 ×0.1+ 博客关注度 ×0.1+ 微博关注度 ×0.15+ 微信关注度 ×0.15+APP 关注度 ×0.1。

本月的热点谣言呈现以下特点。第一，与热点事件相关的谣言传播量较高。例如，3 月 14～15 日我国遭遇近 10 年来强度最大的一次沙尘天气过程，沙尘暴范围也是近 10 年来最广的。与沙尘暴相关的谣言"三北防护林'开了口子'吹走雾霾迎来沙尘暴""沙尘雾霾来袭，木耳、猪血、雪梨可以清肺"在网上大量传播。第二，旧谣新传现象明显。例如，相关部门、媒体、科普机构针对"角膜塑形镜能矫正近视""喝红糖补铁"等谣言已经多次辟谣，不少专家已多次明确近视是不可治愈的，但该类谣言在"隐身"一段时间后依然再次出现。

二、互联网科普舆情 9 月月报

（一）舆情数据

1. 科普舆情数据

数据显示，2021 年 9 月 1～30 日，涉及科普的网络新闻为 256 527 篇（含转载），报刊 8744 篇，论坛博客 26 876 篇，微信 329 407 篇，微博 354 755 条，APP 新闻 548 629 篇（图 5-11）。本月科普舆情数据量环比增加 33.77%。

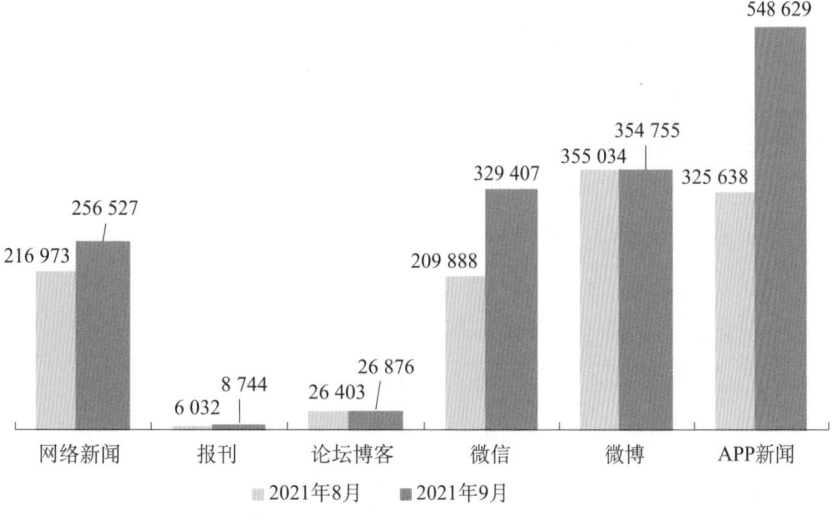

图 5-11　2021 年 8 月和 9 月科普舆情数据对比

本月全网科普信息传播中，APP 新闻、微博和微信是主要传播渠道，分别占比 36%、23% 和 21%。此外，网络新闻、论坛博客和报刊平台的传播量稍低，分别占比 17%、2% 和 1%；APP、微信的舆情量占比环比分别增加 7% 和 3%；微博和网络新闻平台的舆情量占比环比分别减少 8% 和 4%（图 5-12）。

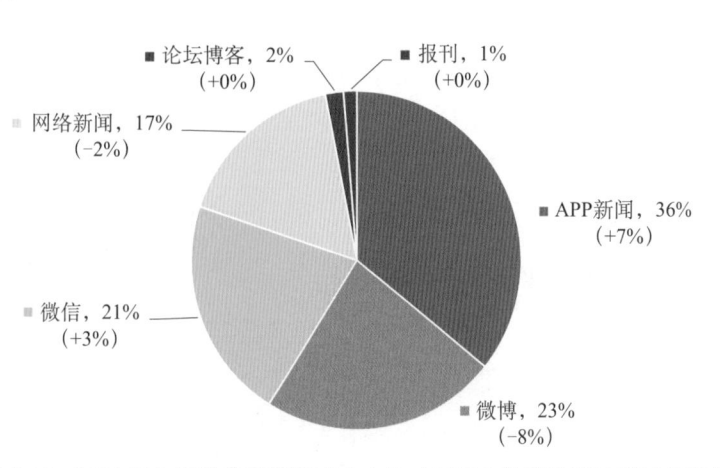

图 5-12　2021 年 9 月科普舆情各平台占比（括号中数字为环比增减幅度）

本月科普舆情热度较高的主题分别为前沿科技、生态环境、航空航天（图5-13）。一是，本月前沿科技类科普舆情热度最高，占比43%，"我国科学家突破二氧化碳人工合成淀粉技术""我国研发的自主水下机器人完成北极海底科学考察""4.3亿年前的'海蝎子'在我国发现"等相关新闻提升了该领域的舆情热度。二是，在生态环境领域，中国初步划定生态保护红线面积比例不低于陆域国土面积的25%、云南构建"三屏两带六廊多点"生态安全格局等生态保护动态和举措获得舆论广泛关注。三是，在航空航天领域，9月17日，神舟十二号载人飞船返回舱在东风着陆场顺利着陆，相关新闻提升了该领域的科普舆情热度。

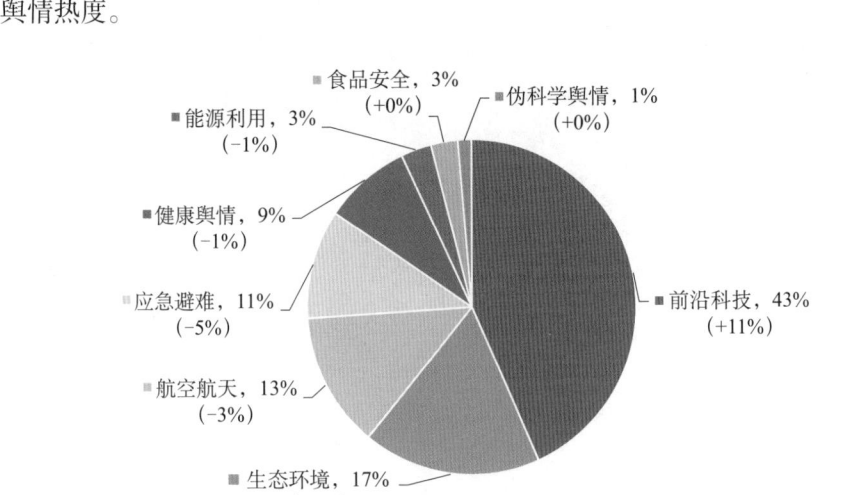

图 5-13　2021 年 9 月科普舆情领域分布（括号中数字为环比增减幅度）

2. "科普中国"舆情数据

数据显示，在监测时段内，涉及"科普中国"的网络新闻为 7587 篇（含转载），报刊 181 篇，论坛博客 200 篇，微信 19 677 篇，微博 15 512 条，APP新闻 9519 篇（图 5-14）。

在本月全网科普信息传播中，微信是"科普中国"舆情的主要传播渠道，占比 37.4%；微博、APP 新闻和网络新闻的传播量也较为突出，分别占比29.4%、18.1% 和 14.4%；论坛博客和报刊的舆情占比相对较低，分别占比 0.4%和 0.3%（图 5-15）。

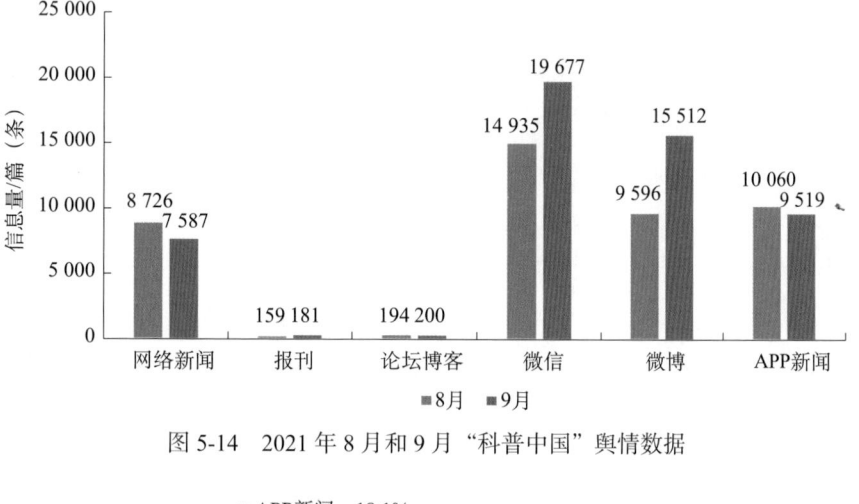

图 5-14　2021 年 8 月和 9 月 "科普中国" 舆情数据

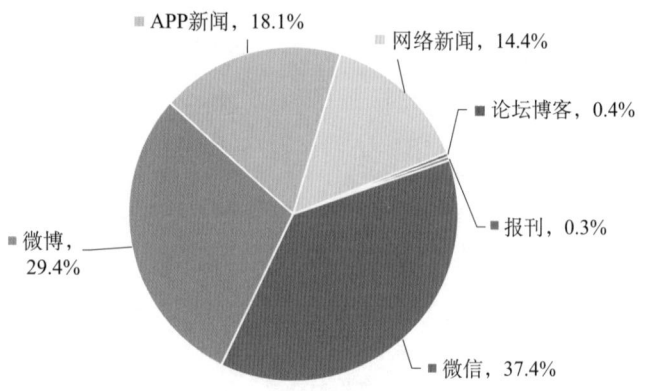

图 5-15　2021 年 9 月 "科普中国" 舆情各平台占比

3. 地方科普传播对比

本月，在地方科普传播方面，上海、北京和广东表现较为突出，传播量均超 2 万篇（条）。此外，江苏、浙江和河北等地的科普传播也较为突出，其传播量均处于 1.5 万篇（条）以上（图 5-16）。

（二）科普热点事件

1. 2021 全国科普日活动在全国范围内举办

2021 年全国科普日活动于 9 月 11～17 日在各地集中开展。相关报道在本月的全网传播量如下：网络新闻 2.28 万篇，报刊文章 1500 篇，论坛博客 756 篇，微博 1.66 万条，微信 2.15 万篇，APP 新闻 2.83 万篇，视频 604 条。

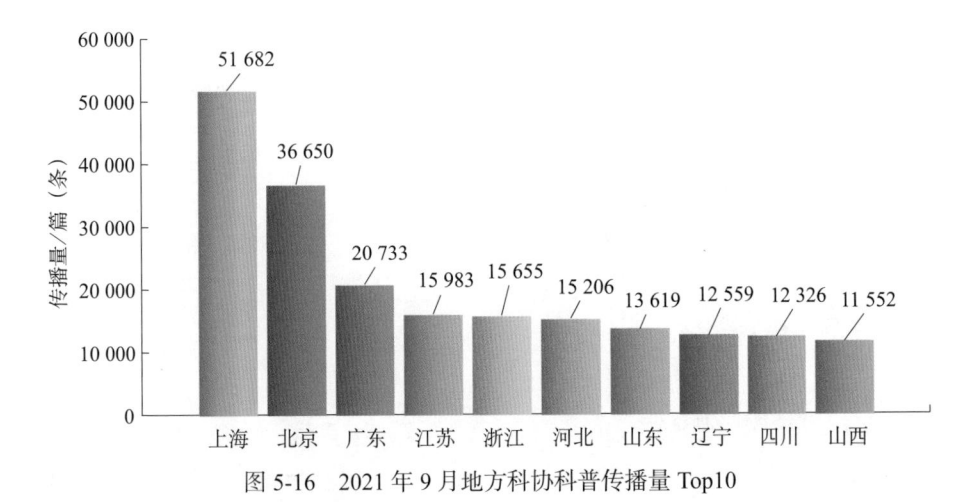

图 5-16　2021 年 9 月地方科协科普传播量 Top10

2. 2021 中国科幻大会举办

2021 年 9 月 28 日，中国科幻大会在北京首钢园开幕，大会持续至 10 月 5 日。2021 中国科幻大会以"科学梦想·创造未来"为主题，相关新闻在本月的全网传播量如下：网络新闻 1633 篇，报刊文章 24 篇，论坛 32 篇，微博 4824 条，微信 526 篇，APP 新闻 1590 篇，视频 61 条。

（三）热点谣言与辟谣

本月谣言多集中于食品健康、医疗健康等话题。具体来看，一是食品健康话题获得较高关注，如"吃牛羊肉会得炭疽病""多喝果汁有排毒效果"等与食品健康相关的谣言持续出现，引发大量关注。同时，秋季美食大闸蟹尤其获得关注，如"买死大闸蟹吃更划算""只要充分加热，做熟的死螃蟹可食用"。二是与医疗健康相关的谣言持续引发关注，如"青少年注射新冠疫苗副作用很大""输液一定要选右胳膊，左胳膊容易引发心肌痉挛"等谣言大量传播（表 5-2）。

表 5-2　2021 年 9 月热点谣言及热度值

序号	谣言	热度值
1	有机蔬菜比普通蔬菜营养价值更高	371.2
2	买死大闸蟹吃更划算	362.9
3	手机充满电，可延长电池寿命	358.8

续表

序号	谣言	热度值
4	吃牛羊肉会得炭疽病	354.7
5	核技术灭蚊有辐射，不安全	282.5
6	青少年注射新冠疫苗副作用很大	273.2
7	人类 Y 染色体正在退化，男人将会消失	259.8
8	输液一定要选右胳膊，左胳膊容易引发心肌痉挛	211.4
9	只要充分加热，做熟的死螃蟹可食用	189.7
10	多喝果汁有排毒效果	189.7

注：该表格为人工不完全统计，谣言来源为各媒体、自媒体发布的谣言榜单及辟谣报道，热度值 = 网媒关注度 ×0.2+ 纸媒关注度 ×0.2+ 论坛关注度 ×0.1+ 博客关注度 ×0.1+ 微博关注度 ×0.15+ 微信关注度 ×0.15+APP 关注度 ×0.1。

第六章
互联网科普舆情数据季报分析

互联网科普舆情数据季报主要包括 3 个部分，分别是分平台传播数据、总发文数走势图、十大科普主题热度指数排行。纵观 2021 年的 4 期互联网科普舆情数据季报，我们可以发现其中的一些规律，以下分别进行阐述。

第一节 互联网科普舆情季报数据分析

一、APP 新闻和微信占全部媒介平台科普信息量的 50%

APP 新闻和微信的科普信息总量在六大媒介平台中主要排名在前两位。微博的科普信息总量偶尔会排进前三位，但从总的数量来看，排名前三位的媒介平台仍是 APP 新闻、微信、网络新闻。总体而言，微信和 APP 新闻两个平台的科普信息量合计达到了 585.16 万篇，约占全部媒介平台科普信息量的 50%（图 6-1）。

二、四个季度中热度排名前三位的科普主题分别是前沿科技、应急避难、生态环境

通过对 2021 年的 4 期季报进行数据分析可以发现，在科普主题中，热度指数综合排名前三位的主要是前沿科技、应急避难、生态环境。其中，前沿科

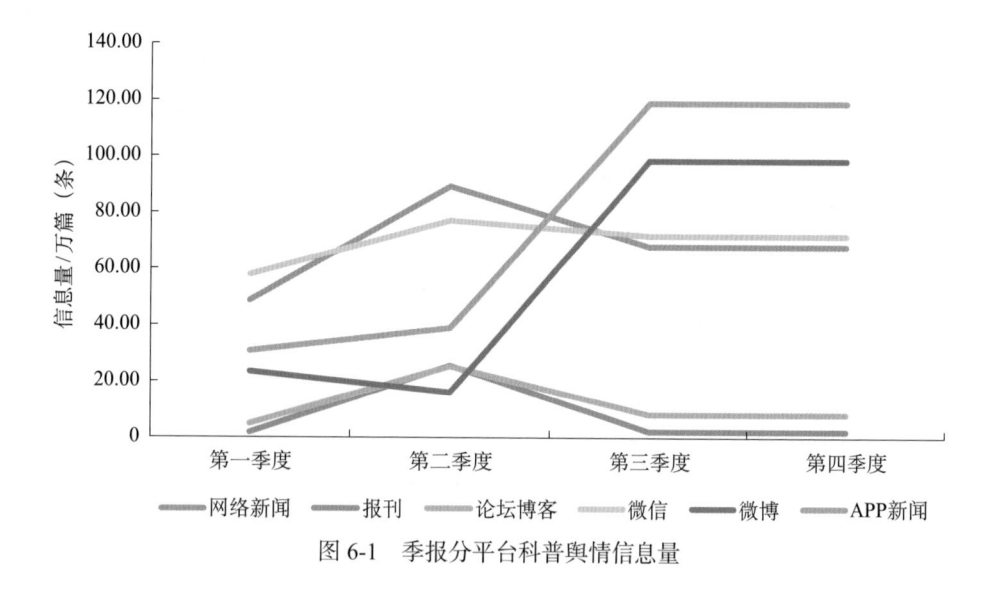

图 6-1　季报分平台科普舆情信息量

技主题在四个季度中始终排名第一位，应急避难主题则排名第二位或第四位，生态环境主题稳定排名第三位（图 6-2）。

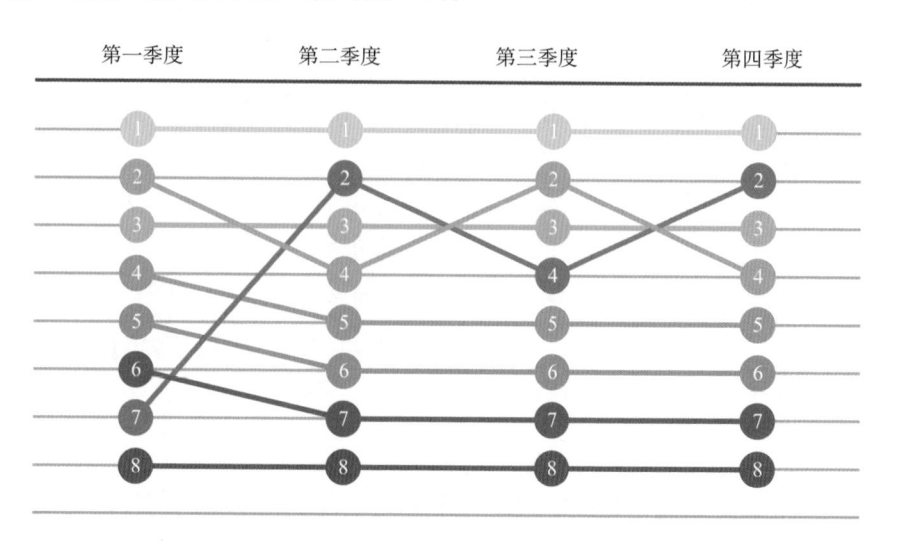

图 6-2　季报分主题科普舆情信息量排名

三、四个季度中热度排名前两位的地方科普传播热区是上海、贵州

对2021年的4期季报中地方科普传播热区的统计和分析可以看出，第一季度因贵州省科协在官网发布《关于2021年中国工程院院士贵州省候选人拟推荐对象的公示》被媒体报道后引发关注，该省的传播热度居第一位，而后三个季度则是上海占第一位。

第二节　互联网科普舆情季报案例分析

2021年全年共4期互联网科普舆情季报，本次选取第二季度与第三季度的季报作为案例分析。

一、2021年第二季度互联网科普舆情季报

（一）本季度舆情概况

2021年第二季度，网络新闻、微信和APP是科普信息的主要传播渠道；从领域来看，前沿科技、航空航天和生态环境的热度较高；从地域来看，上海、北京、江苏、河北和广东在科普传播工作方面表现最突出。中国科协2021年地方科普工作会议召开，"熟蛋返生孵小鸡"事件，中国科学院第二十次院士大会、中国工程院第十五次院士大会、中国科协第十次全国代表大会召开，《全民科学素质行动规划纲要（2021—2035年）》发布是本季度的热点科普话题。

数据显示，涉及科普的网络新闻890 922篇（含转载，下同），报刊254 593篇，论坛博客251 962篇，微信770 269篇，微博159 206条，APP新闻387 202篇（图6-3）。在本季度全网科普信息传播中，网络新闻和微信是主要传播渠道，分别占比33%和28%；APP新闻和报刊的传播量也较为突出，分别占比14%和10%；此外，论坛博客和微博的传播量稍低于其他平台，分别占比9%和6%（图6-4）。

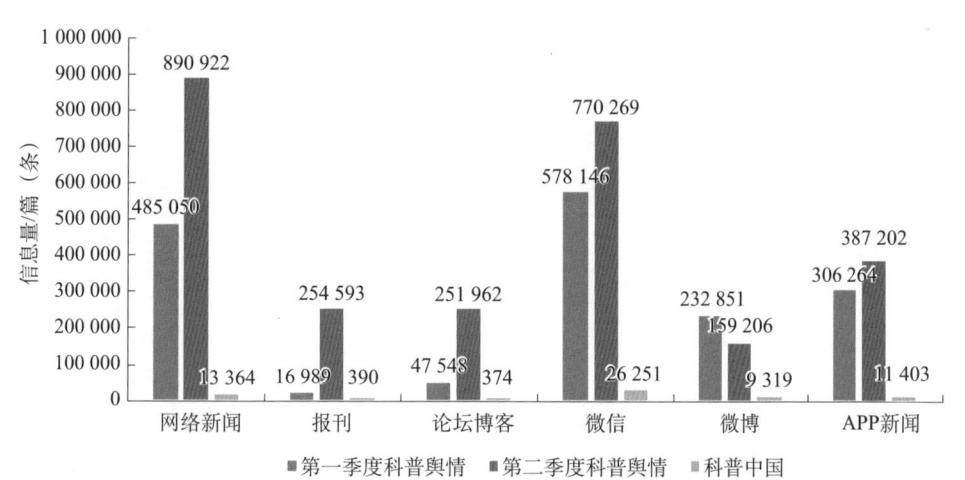

图 6-3　2021 年第一季度和第二季度科普舆情数据对比

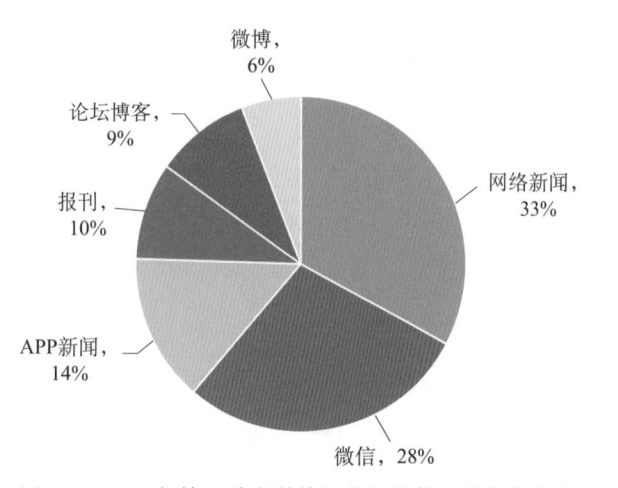

图 6-4　2021 年第二季度科普相关舆情信息平台分布图

（二）热点事件解读

1."科学松鼠会"因转发不当言论道歉：将永久停更微博

本季度，新浪微博博主"@迷惑新闻大赏"发文"大家知道'人体 70% 是水'是日军 731 部队把活的中国人蒸干得出的结论"，"科学松鼠会"成员 @Ent_evo 随后转发"辟谣"称"把活人蒸干测量含水量不现实"，引发大量网民愤怒，被质疑在偷换概念，实则"为暴行洗地"。"科学松鼠会"表示将永久停更微博。相关报道在本季度的全网传播量如下：微博 7303 条，APP 文章 1857 篇，论坛 4 篇，视频 6 条，网媒 844 篇，微信 734 篇，纸媒 1 篇（图 6-5）。

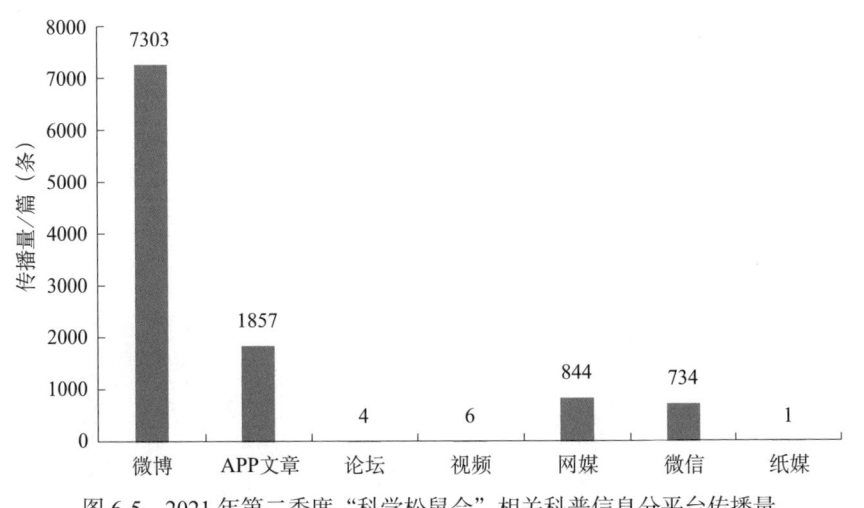

图 6-5 2021 年第二季度"科学松鼠会"相关科普信息分平台传播量

2. "回形针"等科普大 V "不让中国人吃海鲜"引争议

2021 年 6 月 18 日晚，财经博主"赛雷话金"发布了一则标题为"不让中国人吃海鲜背后真正的大瓜，今天我来统一告诉大家"的视频点出科普大 V "@ 回形针 PaperClip"与"中外对话组织"合作的问题，相关新闻引发媒体集中关注，中国青年网、观察者网等媒体纷纷参与报道。相关报道在本季度的全网传播量如下：报刊文章 3 篇，网络新闻 2357 篇，论坛 29 篇，微博 8436 条，微信 812 篇，APP 新闻 1936 篇（图 6-6）。

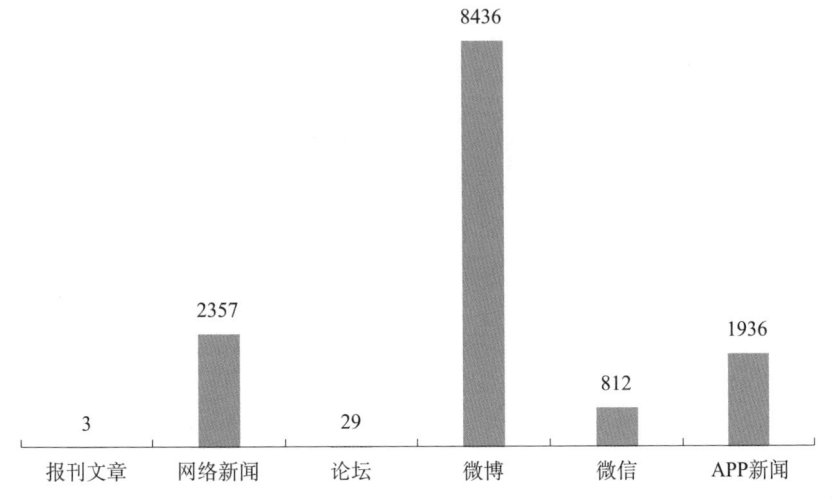

图 6-6 2021 年第二季度"回形针"相关科普信息分平台传播量数据图 ［单位：篇（条）］

3.《全民科学素质行动规划纲要（2021—2035年）》发布

2021年6月25日，国务院印发《全民科学素质行动规划纲要（2021—2035年）》，《人民日报》、新华社、人民网、央视网、新华网等媒体纷纷参与报道。相关报道在本季度的全网传播量如下：报刊文章191篇，网络新闻1722篇，论坛105篇，微博2163条，微信1862篇，APP新闻3940篇（图6-7）。

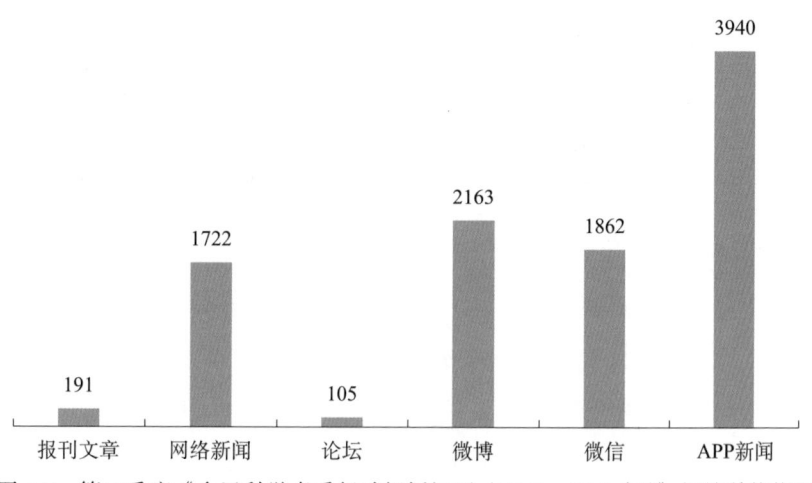

图6-7　第二季度《全民科学素质行动规划纲要（2021—2035年）》相关科普信息分平台传播量数据图［单位：篇（条）］

（三）科学辟谣热点

2021年第二季度科学辟谣热点及辟谣媒体如表6-1所示。

表6-1　2021年第二季度科学辟谣热点及辟谣媒体

序号	谣言名称	辟谣媒体
1	打完新冠疫苗就能摘口罩了	中国青年网
2	新冠疫苗可能会致癌	中国互联网联合辟谣平台
3	清明蔗，毒过蛇	新京报
4	新冠疫苗5月份要收费	大洋网
5	新冠病毒一直变异，疫苗没用了	上游新闻网
6	小学学制变5年、初中变4年	教育部官网

续表

序号	谣言名称	辟谣媒体
7	打新冠疫苗会改变人体基因	北京日报客户端
8	打新冠疫苗前吃饭喝水能避免不良反应	腾讯较真
9	新冠疫苗保护期仅半年	澎湃新闻网
10	全面取消一胎化政策	中国互联网联合辟谣平台
11	6月以后接种新冠疫苗不再免费	新华网
12	驱蚊贴比传统方法的保护效果更好	北京市科学技术协会、中共北京市委网络安全和信息化委员会办公室
13	用保鲜剂处理的荔枝有毒	新京报网
14	只有在很冷的环境下才会出现失温	人民网
15	"上吊式"健身能治疗颈椎病	人民网
16	新冠病毒会导致人均寿命大幅下降	中国青年网
17	0蔗糖就是无糖	澎湃新闻网
18	杨梅洗出小白虫不能吃	央视网
19	长期戴口罩会让呼吸道变敏感，退化	人民网
20	减肥主要看体重	澎湃新闻网
21	野象北上是因为原有栖息地遭到破坏	"科普中国"-科学辟谣
22	鱼腥草含有马兜铃酸，吃了会损伤肾脏，甚至致癌	中国日报中文网、"科普中国"-科学辟谣
23	接种新冠疫苗后，不可以使用麻醉剂	微信公众号"中国互联网联合辟谣平台"
24	长期喝牛奶会导致乳腺癌	中国食品安全网
25	新冠疫苗第二针比第一针更痛	光明网、澎湃新闻网
26	睡眠中突然抽搐一下，可能有猝死风险	中国日报中文网
27	根据房间温度随时开关空调，可以节省电量	"科普中国"-科学辟谣
28	新冠疫苗第二针比第一针副作用大	"科普中国"-科学辟谣
29	打疫苗会发胖	微信公众号"河南疾控"
30	生存环境变好了，野生虎才会跑到人类活动区域	"科普中国"-科学辟谣

本季度的科学流言和谣言呈现以下三个特征。

1. 与新冠疫苗接种相关的谣言传播量突出

"6月以后接种新冠疫苗不再免费""新冠疫苗可能会致癌""新冠疫苗第二针比第一针副作用大"等涉及新冠疫苗等的谣言持续出现。

2. 与社会热点事件相关的谣言获得关注

5月，一段"沈阳大爷大妈把头挂树上锻炼"的微视频冲上热搜，视频中，一些大爷大妈将绳子挂在树上，脖子套在绳圈中，随着绳子晃动摆动身体。不少受访者称这样可以治疗颈椎病，谣言"'上吊式'健身能治疗颈椎病"引发舆论关注。随着我国人口的变化，不少自媒体发文称"国家将全面取消一孩化政策，新婚夫妇必须至少两胎"，以此刻意吸引网民眼球，增加文章阅读量。此外，与热点话题相关的"野象北上是因为原有栖息地遭到破坏""生存环境变好了，野生虎才会跑到人类活动区域"谣言在6月大量传播。

3. 旧谣再传现象普遍存在

随着季节更替，此前已被辟谣的谣言再次出现，如谣言"鱼腥草含有马兜铃酸，吃了会损伤肾脏，甚至致癌""长期喝牛奶会导致乳腺癌"等。

二、2021 年第二季度互联网科普舆情季报

（一）本季度舆情概况

2021年第三季度，APP、微博和微信是科普信息的主要传播渠道；从领域来看，前沿科技、应急避难和生态环境的热度较高；从地域来看，上海、北京、河北在科普传播工作方面表现突出。中国科协印发《中国科学技术协会事业发展"十四五"规划（2021—2025年）》、2021全国科普日活动、2021中国科幻大会、第二十三届中国科协年会是本季度热点科普话题。

数据显示，涉及科普的网络新闻为 678 487 篇（含转载，下同），报刊21 517 篇，论坛博客 81 445 篇，微信 716 786 篇，微博 982 534 条，APP 新闻1 188 083 篇（图 6-8）。

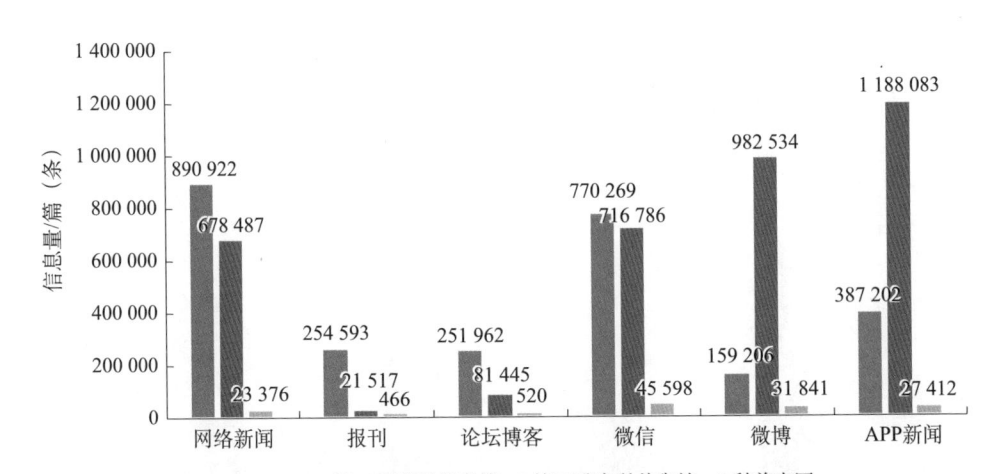

图 6-8 "科普中国"第二季度和第三季度科普舆情数据对比

在本季度全网科普信息传播中，APP 新闻和微博是主要的传播渠道，分别占比 32% 和 27%；微信和网络新闻的传播量也较为突出，分别占比 20% 和 18%（图 6-9）。

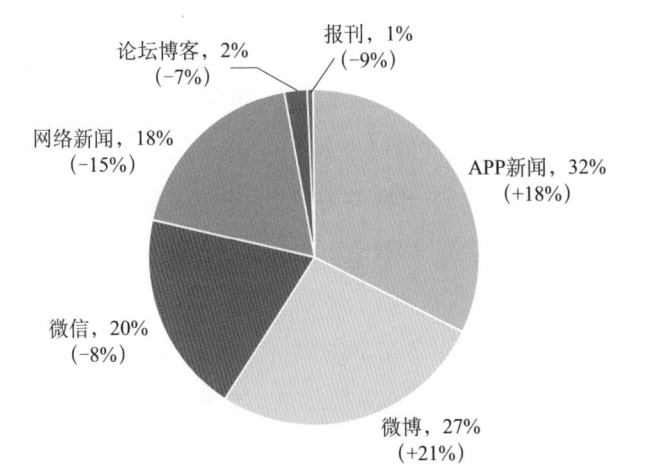

图 6-9 2021 年第三季度科普相关舆情信息平台分布图（括号中数字为环比增减幅度）

（二）热点事件解读

1. 中国科协印发《中国科学技术协会事业发展"十四五"规划（2021—2025 年）》

2021 年 8 月 31 日，中国科协印发《中国科学技术协会事业发展"十四五"

规划（2021—2025 年）》。相关新闻在本季度的全网传播量如下：网络新闻 39 篇，微博 16 条，微信 27 条，APP 文章 19 篇（图 6-10）。

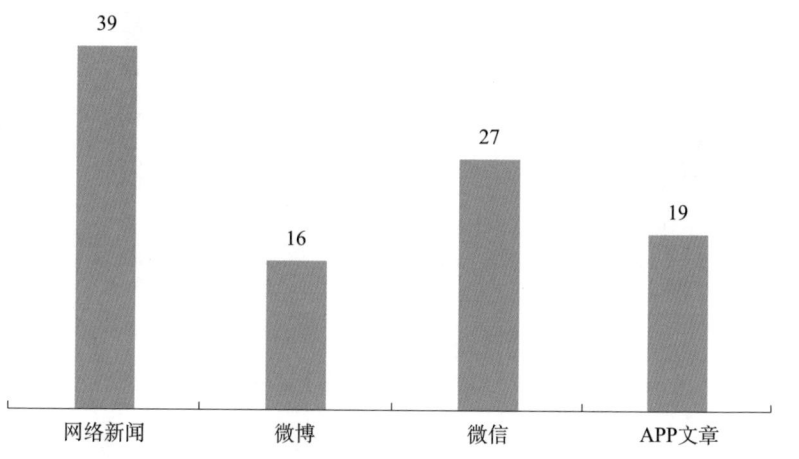

图 6-10　2021 年第三季度《中国科学技术协会事业发展"十四五"规划（2021—2025 年）》相关科普信息分平台传播量［单位：篇（条）］

《中国科学技术协会事业发展"十四五"规划（2021—2025 年）》获得中国新闻网、澎湃新闻网等网络媒体关注。其中，微信公众号"今日科协"发布《中国科学技术协会事业发展"十四五"规划（2021—2025 年）》的 H5 动画；中国科协网发布《一图读懂〈中国科学技术协会事业发展"十四五"规划（2021—2025 年）〉》，通过图解的方式，引导舆论了解《中国科学技术协会事业发展"十四五"规划（2021—2035 年）》；相关报道获得澎湃新闻等媒体转载。

2. 第二十三届中国科协年会在京举行

2021 年 7 月 27 日，由中国科协和北京市人民政府共同主办的第二十三届中国科协年会在北京亦创国际会展中心开幕，会议主题为"创新引领 自立自强——共筑新发展格局"。相关报道在本季度的全网传播量如下：网媒 4774 篇，报刊 81 篇，论坛 228 篇，微博 813 条，微信 2528 篇，APP 文章 4854 篇，视频 23 条（图 6-11）。

3. "回形针""大象公会"等多个平台账号被封

2021 年 7 月 14 日，有网民爆料称"回形针 PaperClip""大象公会""黄章晋"等在微博、哔哩哔哩（bilibili，简称 B 站）等多个平台的账号已被封禁或处于

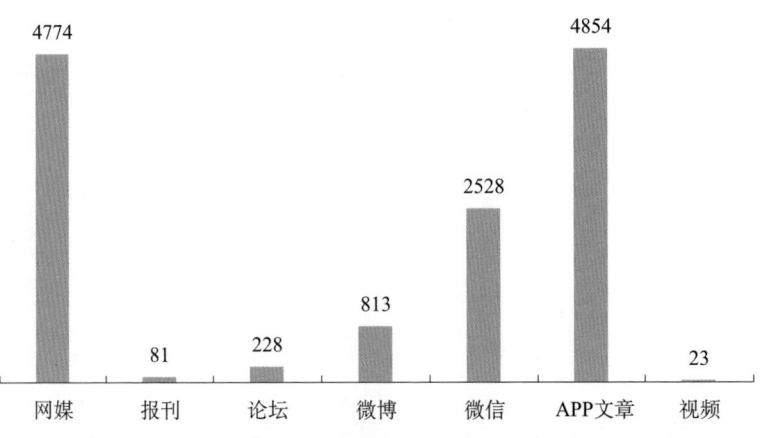

图 6-11　2021 年第三季度中国科协年会相关科普信息分平台
传播量数据图［单位：篇（条）］

停用状态。相关报道在本季度的全网传播量如下：网络新闻 147 篇，微博 1004
条，微信 130 条，APP 文章 97 篇，视频 3 条（图 6-12）。

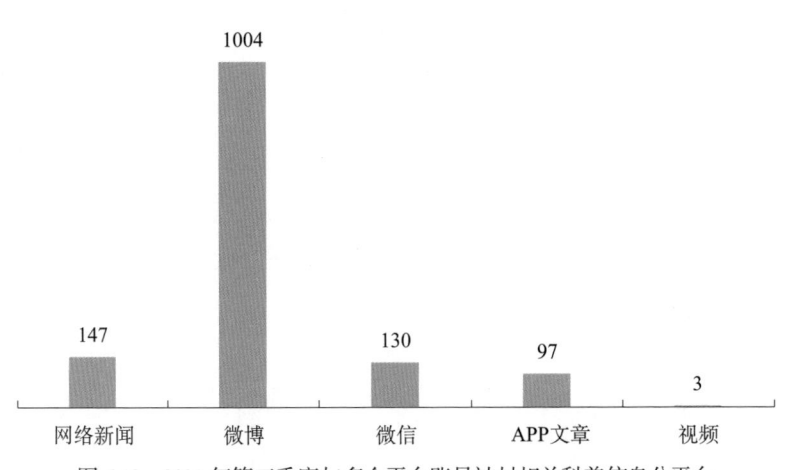

图 6-12　2021 年第三季度与多个平台账号被封相关科普信息分平台
传播量数据图［单位：篇（条）］

（三）科学辟谣热点

2021 年第三季度科学辟谣热点及辟谣媒体如表 6-2 所示。

表 6-2　2021 年第三季度科学辟谣热点及辟谣媒体

序号	谣言名称	辟谣媒体
1	郑州暴雨海洋馆爆炸，鳄鱼跑出来吃人了	"科普中国"、腾讯较真等
2	网红降温喷雾安全又可靠	"科普中国"、正义网、北晚新视觉等
3	红霉素软膏是"万能药"	央视网
4	吃植物肉热量更低能减肥	北京市科学技术协会、中共北京市网络安全和信息化委员会办公室、科学辟谣平台等
5	不添加食品添加剂的食物更安全	中国质量报
6	人工干预可以让暴雨分批下	北京市科学技术协会、中共北京市网络安全和信息化委员会办公室等
7	暖湿气候北移到华北了	北京市科学技术协会、中共北京市网络安全和信息化委员会办公室等
8	天空出现"怪异云朵"是灾害的预警	中国青年网
9	家附近有变电站很危险，需要搬家	北京青年网
10	科威特气温高达 73℃，汽车被烤化	腾讯较真
11	长期喝浓茶会致重度贫血	北京市科学技术协会、中共北京市网络安全和信息化委员会办公室、首都互联网协会等
12	"增高针"可以帮助孩子长高	北京市科学技术协会、中共北京市网络安全和信息化委员会办公室、首都互联网协会等
13	洪涝灾害后，自来水一定会受到污染	光明网
14	口罩贴上"神器贴"就能防新冠，该口罩为医务人员专用	头条辟谣
15	"防闷神器"可以缓解口罩闷热感	新民晚报
16	吃苦瓜会导致骨质疏松	澎湃新闻网
17	雷雨天使用手机会引来雷击	澎湃新闻网
18	看到人打架，动物会跟着学	科学辟谣
19	新冠"毒王"拉姆达已诞生，疫苗没用了	腾讯较真
20	隔夜西瓜细菌多，吃了可能食物中毒	科学辟谣
21	有机蔬菜比普通蔬菜营养价值更高	头条辟谣
22	买死大闸蟹吃更划算	北京市科学技术协会、中共北京市网络安全和信息化委员会办公室、首都互联网协会等
23	手机充满电，可延长电池寿命	科学辟谣
24	吃牛羊肉会得炭疽病	光明网

续表

序号	谣言名称	辟谣媒体
25	核技术灭蚊有辐射,不安全	中国经济网
26	青少年注射新冠疫苗副作用很大	澎湃在线
27	人类Y染色体正在退化,男人将会消失	科学辟谣
28	输液一定要选右胳膊,左胳膊容易引发心肌痉挛	光明网
29	只要充分加热,做熟的死螃蟹可食用	澎湃在线
30	多喝果汁有排毒效果	头条辟谣

本季度的科学流言和谣言呈现以下三个特征。

1. 谣言主题聚焦暴雨洪涝灾害

2021年7月17日以来,河南省遭遇极端强降雨,特别是7月20日郑州市遭受特大暴雨灾害,造成重大人员伤亡和财产损失。公众在关注暴雨及救援的同时,也发现不少谣言在网络中传播,如"郑州暴雨海洋馆爆炸,鳄鱼跑出来吃人了""人工干预可以让暴雨分批下""洪涝灾害后,自来水一定会受到污染"等谣言大量传播,一定程度上引发部分群众对自来水水质和用水安全的担忧。同时,类似于"天空出现'怪异云朵'是灾害的预警"等谣言也在网络上再次传播。

2. 食品、健康相关的谣言获得普遍关注

"青少年注射新冠疫苗副作用很大""输液一定要选右胳膊,左胳膊容易引发心肌痉挛"等谣言大量传播。同时,类似于"新冠'毒王'拉姆达已诞生,疫苗没用了""口罩贴上'神器贴'就能防新冠,该口罩为医务人员专用"等涉及疫情的谣言也在网络上传播。

3. 环境、气象灾害相关的谣言持续引发关注

"雷雨天使用手机会引来雷击""天空出现'怪异云朵'是灾害的预警"等与环境、气象灾害相关的谣言持续引发关注。

第七章
互联网科普舆情数据年报分析

将 2021 年与 2020 年的互联网科普舆情数据年报进行对比,从中可以看出一些变化。

第一节　互联网科普舆情年报数据分析

一、2021 年科普舆情信息总量远超 2020 年

2021 年科普舆情信息总量为 1176.15 万篇,2020 年科普舆情信息总量为 623.68 万篇,除了在总量上 2021 年远远超过 2020 年外,2021 年在每个分平台上的科普舆情信息量也都超过 2020 年(图 7-1)。

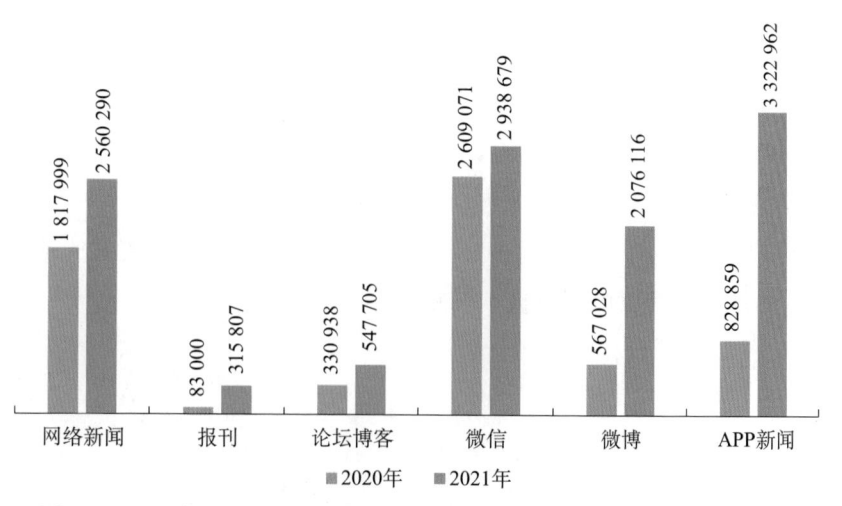

图 7-1　2020 年和 2021 年科普舆情分平台传播量对比图〔单位:篇(条)〕

二、前沿科技、生态环境、航空航天领域的热度位列前三

从 2020 年和 2021 年年报中的科普舆情领域分布数据可以看出，科普舆情领域连续两年居第一位的科普主题都是前沿科技，居第二、第三位的科普主题由应急避难、健康舆情变为生态环境、航空航天。

三、上海和北京居科普传播热区前两位

从 2020 年和 2021 年年报中科普舆情信息地域发布热区的统计与分析可以看出，排名第一位的科普传播热区由北京变为上海，北京由第一位变为第二位，广东由第二位变为第三位。科普信息量的丰富程度和地区经济发展水平息息相关。

第二节 互联网科普舆情年报分析

综观 2021 年科普舆情，APP 新闻和微信是科普信息的主要传播渠道；从领域来看，前沿科技、生态环境、航空航天和应急避难的科普舆情热度较高；从地域来看，上海、北京、广东和河北在科普传播方面表现较突出。

一、分平台传播数据

数据显示，2021 年涉及科普的网络新闻 2 560 290 篇（含转载，下同），报刊 315 807 篇，论坛博客 547 705 篇，微信 2 938 679 篇，微博 2 076 116 条，APP 新闻 3 322 962 篇（图 7-2）。

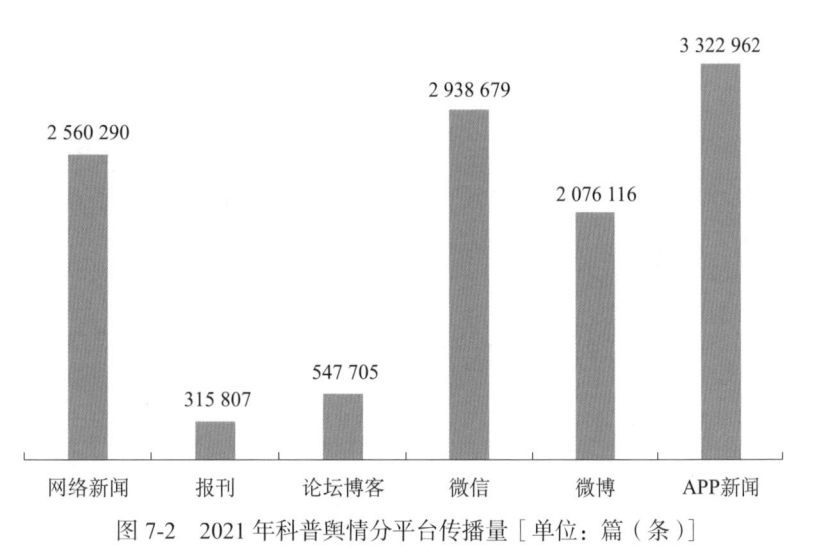

图 7-2　2021 年科普舆情分平台传播量［单位：篇（条）］

　　2021 年，全网科普信息传播中，APP 新闻和微信是主要传播渠道，分别占比 28.25% 和 24.99%（图 7-3）。

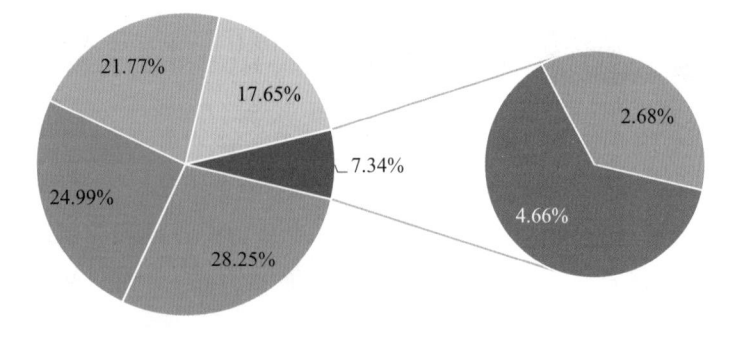

■ APP新闻　■ 微信　■ 网络新闻　■ 微博　■ 论坛博客　■ 报刊

图 7-3　2021 年科普相关舆情平台信息分布图

二、科普主题热度指数排行

　　2021 年科普舆情热度较高的领域分别为前沿科技、生态环境、航空航天和应急避难。

　　在前沿科技方面，"陈薇团队疫苗获批上市，只需一次注射""高福等人研发的新冠重组亚单位蛋白疫苗在国内获批紧急使用""港科大研发新型基因编辑技术""国内首个全身给药的罕见病基因疗法获批临床试验""我国自主研发新冠特效药 DXP-604 能防变异毒株"等动态获得舆论聚焦。

在生态环境方面,"日本倾倒核废水""国家主席习近平应邀在北京以视频方式向亚太经合组织工商领导人峰会发表题为《坚持可持续发展 共建亚太命运共同体》的主旨演讲""疫情防控常态化背景下的城市环境消杀"等话题的科普新闻引发广泛关注。

在航空航天领域,"天问一号火星探测器成功着陆火星""神舟十二号载人飞船顺利将聂海胜、刘伯明、汤洪波 3 名航天员送入太空""神舟十三号载人飞船成功发射"等新闻再次带动了公众对航天事业的热烈讨论。

在应急避难领域,舆情热度的攀升在下半年较为突出,河南、浙江多地发生暴雨洪涝灾害等动态引发社会广泛关注。

三、2021 年全年科普热点事件

1. 我国疫苗研发和接种工作全面顺利推进

国药集团北京生物制品研究所和北京科兴中维生物技术有限公司自主研发的新冠灭活疫苗相继被正式列入世界卫生组织紧急使用清单,截至 2021 年 12 月 31 日,全国累计报告接种新冠病毒疫苗 28.35 亿剂次。

2. 国务院印发《全民科学素质行动规划纲要(2021—2035 年)》

为贯彻落实党中央、国务院关于科普和科学素质建设的重要部署,落实国家有关科技战略规划,国务院印发《全民科学素质行动规划纲要(2021—2035 年)》,为未来 15 年科学素质建设勾画新蓝图。

3. "天宫"开讲科普课,掀起全民航天科普浪潮

2021 年 12 月 9 日,神舟十三号航天员翟志刚、王亚平、叶光富在中国空间站进行太空授课。本次活动采取天地互动方式,在中国科学技术馆设置地面主课堂,这是截至 2021 年 12 月我国科普教育活动覆盖面最大和参与人数最多的一次重大实践。

4. 大量科技应用助力三星堆考古新发现

三星堆遗址考古取得重大进展,本次考古发掘和保护充分运用现代科技手

段，实现考古发掘、科技考古与文物保护的全过程紧密结合。

5. 中国科学家精神纳入中国共产党人精神谱系

在中华人民共和国成立72周年之际，党中央发布了第一批中国共产党人精神谱系，中国科学家精神入选。

6.《生物多样性公约》缔约方大会第十五次会议在中国召开

大会主题为"生态文明：共建地球生命共同体"，全面总结国际社会在生物多样性保护方面的经验。习近平主席在领导人峰会上的主旨讲话中提到，"云南大象的北上及返回之旅，让我们看到了中国保护野生动物的成果"①，表明中国生态文明建设取得显著成效。

7. 中国开启建造天宫空间站的新时代

长征五号B遥二运载火箭成功将空间站"天和"核心舱送入预定轨道，标志着中国空间站在轨组装建造全面展开，为后续关键技术验证和空间站组装建造顺利实施奠定了坚实基础。

8. 中国首次火星探测任务取得圆满成功

"天问一号"成功着陆于火星乌托邦平原南部预选着陆区，不仅在火星上首次留下中国印迹，而且在世界航天史上首次成功实现一次任务完成火星环绕、着陆和巡视的三大目标，成就中国航天事业发展的又一里程碑。

9. 两院院士大会、中国科协第十次全国代表大会在北京召开

2021年5月28日，中国科学院第二十次院士大会、中国工程院第十五次院士大会和中国科协第十次全国代表大会召开，习近平总书记出席会议并发表重要讲话，强调要坚持把科技自立自强作为国家发展的战略支撑，完善国家创新体系，加快建设科技强国，实现高水平科技自立自强②。

10. 公众自发向袁隆平、吴孟超等已故科学家致敬

2021年5月22日，"杂交水稻之父"袁隆平院士和"中国肝胆外科之父"吴孟超院士逝世，公众纷纷自发进行哀悼和缅怀，全社会掀起弘扬科学家精神的热潮。

---

① 习近平.共同构建地球生命共同体——在《生物多样性公约》第十五次缔约方大会领导人峰会上的主旨讲话[EB/OL]. http://www.gov.cn/gongbao/content/2021/content_5647343.htm[2023-03-07].

② 习近平.在中国科学院第二十次院士大会、中国工程院第十五次院士大会、中国科协第十次全国代表大会上的讲话[M].北京：人民出版社，2021.

第八章

互联网科普舆情数据专报分析

互联网科普舆情数据专报主要包括 5 个部分，分别是：舆情综述、舆情数据、媒体观点、网民观点、传播效果。

第一节　互联网科普舆情专报数据分析

一、2021 年科普舆情事件传播以微博、APP 新闻与网络新闻为主要平台

2021 年科普专报舆情信息总量为 29.96 万篇。其中报刊文章 3966 篇，网络新闻 81 675 篇，论坛 2290 篇，微博 182 522 条，微信 62 070 篇，APP 新闻 98 057 篇（图 8-1）。微博平台占比最高，为 42%；其次是 APP 新闻，占比 23%；网络新闻与微信分别占比 19% 和 14%，报刊文章与论坛均占比 1%（图 8-2）。

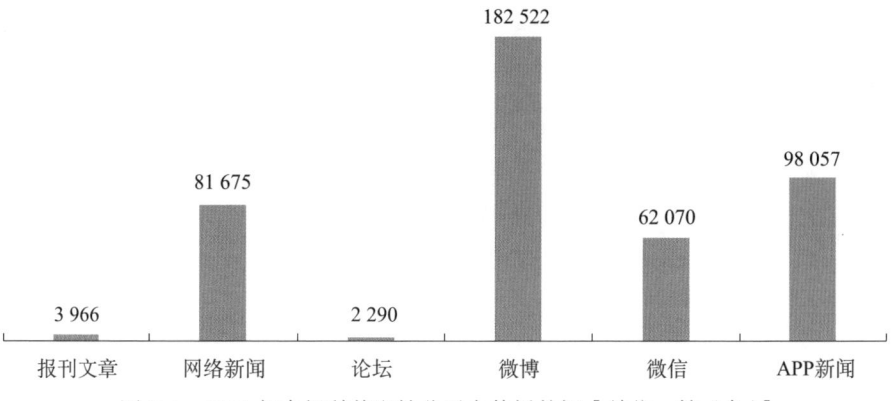

图 8-1　2021 年专报科普舆情分平台传播数据［单位：篇（条）］

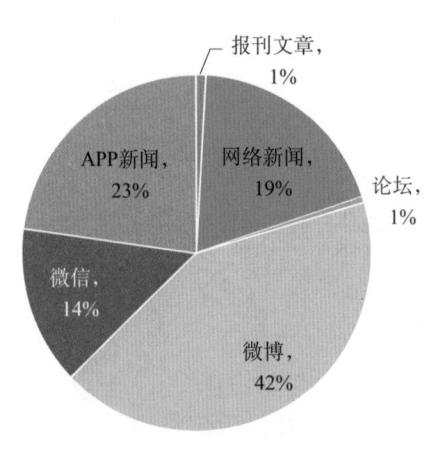

图 8-2　2021 年专报科普舆情分平台传播占比

二、不同专报的舆情事件传播信息总量差距较大

从 2021 年 8 期专报中的科普舆情数据可以看出，不同舆情专报的事件传播信息总量差距较大。"果壳网、回形针、科学松鼠会发布不当言论"等互联网热点内容相关舆情信息量较高，在热点内容传播期间可达到 153 619 篇。另外，2021 年全国科普日作为影响较广的舆情事件，信息传播总量也达到了111 176 篇（图 8-3）。

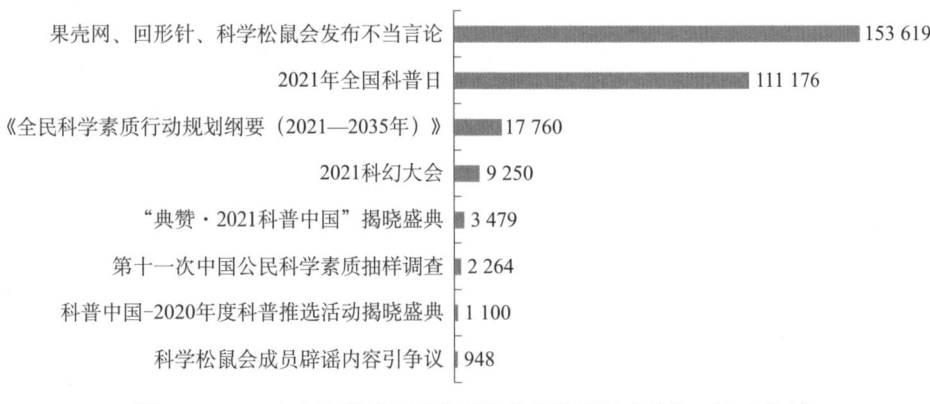

图 8-3　2021 年专报科普舆情分事件传播数据图［单位：篇（条）］

三、专报舆情事件热度持续时间均为 6～10 天

通过对 2021 年专报中 8 个科普舆情信息发布热度的统计可知，《全民科学素质行动规划纲要（2021—2035 年）》"科普中国 -2020 年度科普推选活动揭晓盛典""2021 科幻大会""第十一次中国公民科学素质抽样调查""'典赞·2021 科普中国'揭晓盛典"5 个专报事件热度持续时间均为 6 天。"2021 年全国科普日活动"专报事件热度持续时间为 10 天。由此可见，专报舆情事件的热度时间较短，在 6～10 天内舆情事件信息在网上的发布数即回到事件发生前的状态。

第二节　互联网科普舆情专报案例分析

全年共 8 期互联网科普舆情年报，这里选择"2021 年全国科普日活动"专报作为案例进行分析。

一、舆情综述

2021 年全国科普日活动于 9 月 11～17 日在各地集中开展，活动主题为"百年再出发，迈向高水平科技自立自强"，活动立足面向基层、服务发展、惠及群众，打造多级联动、广泛参与、"永不落幕"的系列科普活动。9 月 10 日，2021 年全国科普日主题宣传片正式发布，主题海报同期推出。截至 2021 年，全国科普日活动已经连续举办 17 年，通过广泛的社会动员和社会参与，提升全民科学素质，涵养创新生态，为国家高水平科技自立自强做出贡献。相关新闻引发媒体集中关注。

二、舆情数据

2021 年 9 月 10～12 日，与 2021 年全国科普日活动相关的网络新闻

31 587 篇，报刊文章 1611 篇，论坛 847 篇，微博 17 186 条，微信 23 360 篇，APP 新闻 36 585 篇（图 8-4）。

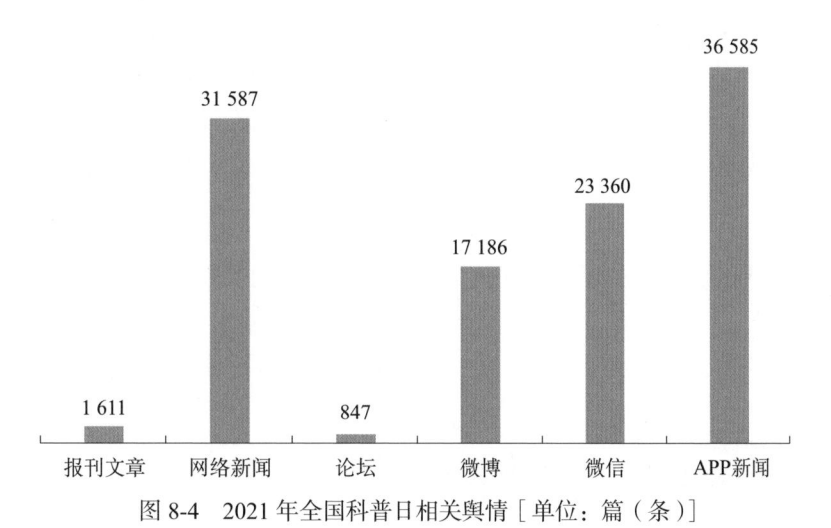

图 8-4　2021 年全国科普日相关舆情［单位：篇（条）］

2021 年全国科普日相关舆情平台方面，APP 新闻和网络新闻占比最高，分别为 33% 和 28%（图 8-5）。

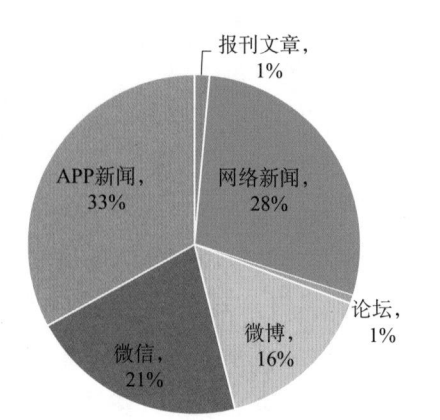

图 8-5　2021 年全国科普日相关舆情平台信息分布占比

三、媒体关注焦点

1. 全国科普日北京主场活动获得媒体集中关注

《人民日报》报道称，北京主场活动由中国科学技术馆区和北京科学中心区活动组成。中国科学技术馆区活动包括"自立自强建新功""科普科创立伟业""生态文明创未来"三大板块的展览展示，以及"与公众面对面"科技志愿活动等。通过互动式展品、实物模型、多媒体、图文展板等形式，展现党领导下的科普和科技创新工作发展历程，以及广大科技工作者和社会力量为提升公民科学素质所采取的积极行动等。

2. 各地科普活动切实让科普为群众办实事

《科技日报》报道称，2021年全国科普日期间，各地依托全域科普，践行"我为群众办实事"，通过开展丰富多彩的主题群众科普活动，激发全民科学梦想，营造创新氛围，为提升公民科学素质、实现高水平科技自立自强汇聚众志。

3. "双碳"目标、航天成为科普活动的热点主题

中国承诺 大国担当——"30·60"碳达峰碳中和专题展览亮相中国科学技术馆，该展览以我国"碳达峰、碳中和"（"双碳"目标）庄严承诺为开篇，从展现碳排放引发全球气候变化危机，到解读应对危机所提出的"碳达峰、碳中和"承诺，再到倡导全社会绿色减排行动展开，设置"黑色·困局""红色·觉醒""绿色·行动"三个主题展区，引导公众深入思考气候变化带来的危机与挑战，理解"碳达峰、碳中和"的深刻内涵和重大意义。

四、网民对相关话题的互动意愿不足

监测发现，虽然2021年全国科普日相关信息在微博、微信等平台的传播量较高，但网民对相关话题的互动意愿不足。在微博、微信、抖音等网民活跃度较高的平台，网民对全国科普日相关信息的讨论量均较少。

综合全网网民观点：26%的网民认为全国科普日活动很有意义，24%的网民点赞全国科普日宣传片，23%的网民认为科技兴则民族兴，16%的网民呼吁丰富科普宣传形式，11%的网民持其他观点（图8-6）。

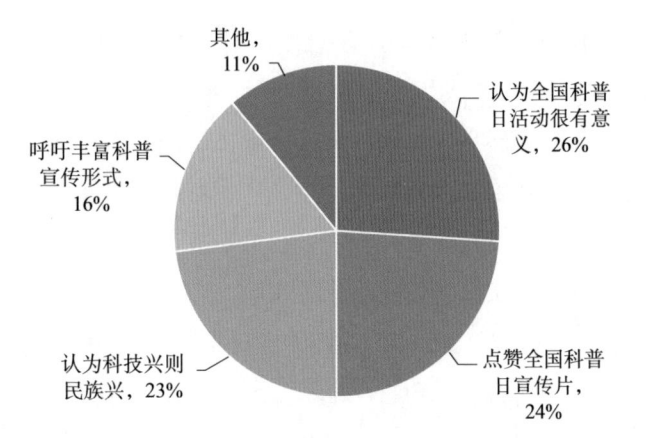

图 8-6　网民对全国科普日相关信息话题的评论数占比

第三篇

互联网平台科普数据报告

　　互联网平台一般是指在线发布、呈现和传播文字、图片、音频、视频等信息的网络媒介，它通过网络社区运营、信息质量管控、内容分发推送等一系列流程和规则，为科普信息提供存储、传输和交流空间，保障科普内容持续产出并到达用户。互联网平台科普数据报告从科普的平台化环境、科普创作者的活动、科普内容的生产和传播等层面分析和呈现抖音、西瓜视频、今日头条等大型互联网平台上的科普生态及其发展。

导　言 ■■■■■

　　抖音等大型互联网平台在科普生态发展过程中扮演了多重角色。一是以互联网技术为支撑的信息中介：促进科普创作者、内容与用户之间的广泛连接和互动，将创作者与其粉丝的局部传播扩大为全局传播。二是以规则和算法为支撑的生态系统：围绕创作者成长和内容创作构建生态秩序，围绕内容传播和用户触达构建公平有序的竞争环境。三是以内容运营为支撑的价值推手：平衡平台的商业化诉求、创作者的影响力诉求和用户的行为诉求，扶植高价值内容生态，搭建高价值变现渠道。

一、互联网科普生态的机遇和挑战

　　互联网平台的崛起给科普生态带来了系统性发展的机遇：科普内容得以摆脱传统渠道对作品形式和受众的约束，直面更广泛和多元的用户；大量的科普创作者得以施展专业优势和才华，创作丰富且有创造力的作品；民间的创作能力释放于公平有序、价值导向的市场竞争环境，为科普生态的可持续发展提供了制度和动力保障。

　　科普领域也面临新的挑战。首先是内容创作的专业性挑战：各平台创作者的科普资质、科普作品的科学性、新媒体表达的完整性欠缺规范约束和引导；其次是内容传播的竞争性挑战：科普内容必须和资讯、影视、娱乐等其他内容角逐用户及曝光率；最后是内容生态的商业性挑战：科普内容运营不单以是否满足公共利益和公众需求为准绳，更侧重于深层次的内容变现和价值转化。

二、关注平台科普创作者的处境和成长

很明显，互联网平台上的科普创作者群体是科普生态可持续发展的重要基础。本篇报告的目标之一是了解平台科普创作者群体的处境和成长状况。本篇第 9 章所用数据来自面向科普创作者的问卷调查，其中汇总了有关创作者的一系列重要数据：他们是谁、来自哪里、创作什么样的作品、创作者及其作品的发展际遇如何，等等。

三、数据解读平台科普生态的发展状况

有关平台科普生态发展的关键数据呈现了科普领域应对平台发展机遇和挑战的具体表现。本篇第九～十二章所用数据来自巨量算数，数据时间截至2021 年 12 月。重点数据包括以下内容。①抖音平台的科普创作者超过 4 万人，人均粉丝数为 6.74 万人，一年内平均涨粉 2.59 万人。在头部科普创作者中，粉丝数超过 50 万人的有千余人，粉丝数在 5 万人到 50 万人的有近 8000 人。此外，粉丝数在 1 万人到 5 万人的有约 2 万人。②今日头条 / 西瓜平台的科普创作者超过 1 万人，人均粉丝数达到 1.92 万人。其中头部科普创作者 1500 余人，粉丝数在 20 万人以上的有 200 余人，粉丝数在 2 万人到 20 万人的有 1300余人。此外，粉丝数在 5000 人到 2 万人的有 1000 余人。③平台上的各类科普内容中，健康类科普的创作者、作品数量和头部热门作品的数量最多，占比分别为 35.48%、39.34% 和 42.98%。

第九章 ■■■■■■
抖音平台科普创作者调查问卷分析报告

2022年7月12日～10月9日，在抖音平台内向科普内容创作者群体的主创人员进行了问卷调查，共收集了5690份问卷。通过问卷质量筛选出有效问卷5544份，有效问卷占比97%。

第一节 平台科普创作者的群体画像 ①

一、创作者的性别结构：男性居多

受访的抖音科普内容创作者明显以男性为主，占总受访者的69.07%，女性占总受访者的30.93%（图9-1和表9-1）。

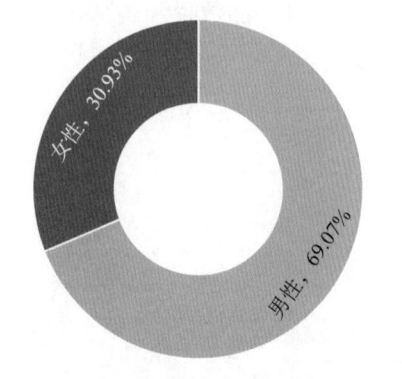

图9-1　科普内容创作者的性别占比情况

---

① 如果是团队创作，以主理人为准。主理人即实际创作，以及打理、协调日常运营和发展相关事务的主要负责人。

表 9-1　科普内容创作者分性别人数及占比

性别	数量 / 人	占比 /%
男性	3829	69.07
女性	1715	30.93
总计	5544	100.00

二、创作者的年龄结构：青年人在行动

受访的抖音科普内容创作者中，年轻群体占比远高于年长群体，"90后"和"00后"占比超过 50%。"00后"创作者是参与问卷调查人群中占比最高的，占总受访者的 45.47%；其次为"90后"受访者，占比 22.35%；"80后"受访者占比 18.56%；"70后"受访者占比 8.87%；占比最低的年龄群体为"60后"受访者，占比 3.08%（图 9-2 和表 9-2）。

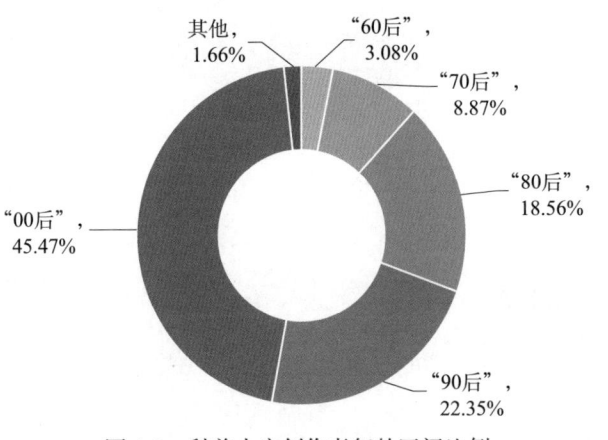

图 9-2　科普内容创作者年龄区间比例

表 9-2　科普内容创作者分年龄区间人数及占比

受访者年龄区间	数量 / 人	占比 /%
"60后"	171	3.08
"70后"	492	8.87
"80后"	1029	18.56
"90后"	1239	22.35
"00后"	2521	45.47
其他	92	1.66
总计	5544	100.00

三、创作者的受教育程度：不唯学历

受访的抖音科普内容创作者中，研究生以下受教育程度人群占据大多数。研究生及以上受教育程度人群最少，占总受访者的 6.73%。本科、大专与高中受教育程度人群占比相似，均在 25% 左右。本科受教育程度创作者占比 25.25%。大专受教育程度创作者占比 24.06%。高中受教育程度创作者占比 25.27%。初中及以下受教育程度受访者占比 18.69%（图 9-3 和表 9-3）。

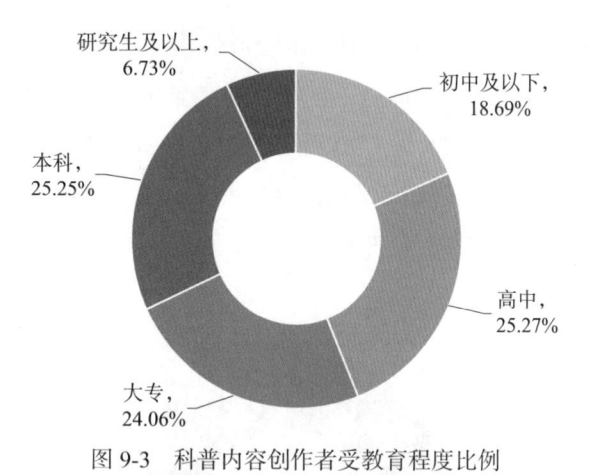

图 9-3　科普内容创作者受教育程度比例

表 9-3　科普内容创作者分受教育程度人数及占比

受访者受教育程度	数量 / 人	占比 /%
初中及以下	1036	18.69
高中	1401	25.27
大专	1334	24.06
本科	1400	25.25
研究生及以上	373	6.73
总计	5544	100.00

四、创作者所在地：分布广泛

关于受访的抖音科普内容创作者所在地，排名前十位的省（自治区、直辖市）是广东省、河南省、山东省、四川省、江苏省、北京市、新疆维吾尔自

治区、浙江省、河北省、湖南省。其中创作者所在地排名第一的广东省占比
11.53%（图 9-4 和表 9-4）。

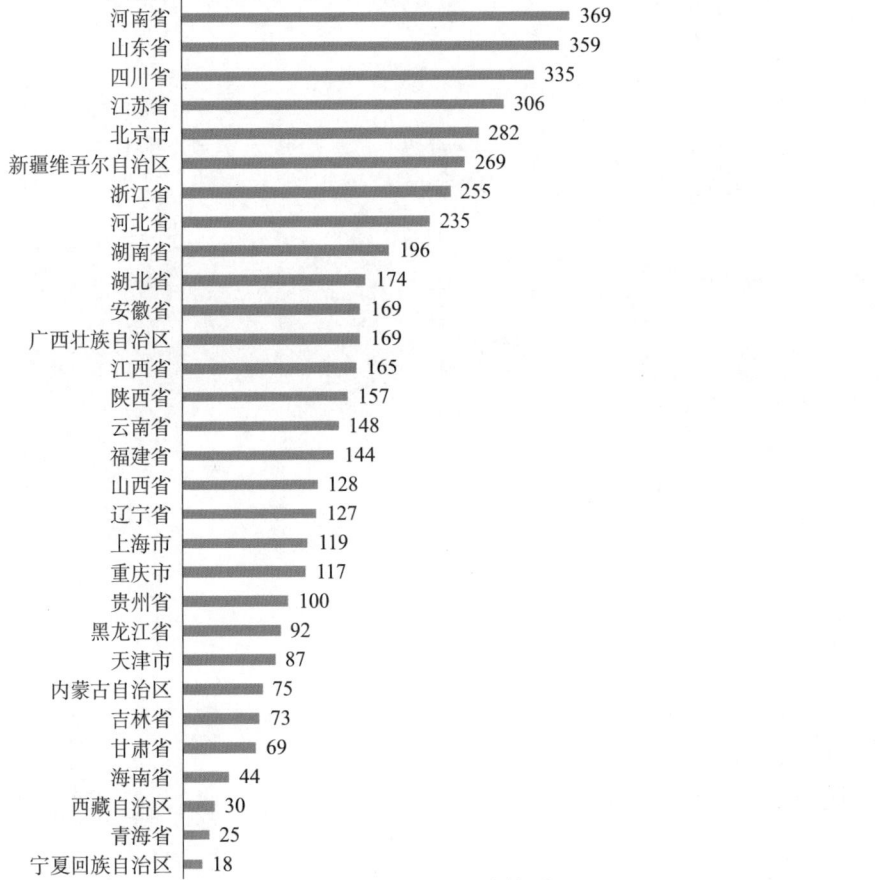

人数/人

图 9-4　科普内容创作者所在省（自治区、直辖市）人数

表 9-4　科普内容创作者分省（自治区、直辖市）人数及占比

受访者所在省（自治区、直辖市）	数量 / 人	占比 /%
广东省	639	11.53
河南省	369	6.66
山东省	359	6.48
四川省	335	6.04
江苏省	306	5.52

续表

受访者所在省（自治区、直辖市）	数量/人	占比/%
北京市	282	5.09
新疆维吾尔自治区	269	4.85
浙江省	255	4.60
河北省	235	4.24
湖南省	196	3.54
湖北省	174	3.14
安徽省	169	3.05
广西壮族自治区	169	3.05
江西省	165	2.98
陕西省	157	2.83
云南省	148	2.67
福建省	144	2.60
山西省	128	2.31
辽宁省	127	2.29
上海市	119	2.15
重庆市	117	2.11
贵州省	100	1.80
黑龙江省	92	1.66
天津市	87	1.57
内蒙古自治区	75	1.35
吉林省	73	1.32
甘肃省	69	1.24
海南省	44	0.79
西藏自治区	30	0.54
青海省	25	0.45
宁夏回族自治区	18	0.32
总计	5544	100.00

　　关于受访的抖音科普内容创作者所在城市，排名前十位的是北京市、广州市、成都市、郑州市、上海市、深圳市、重庆市、西安市、天津市、乌鲁木齐市，其中排名第一位的北京市受访者占比 5.09%（图 9-5 和表 9-5）。

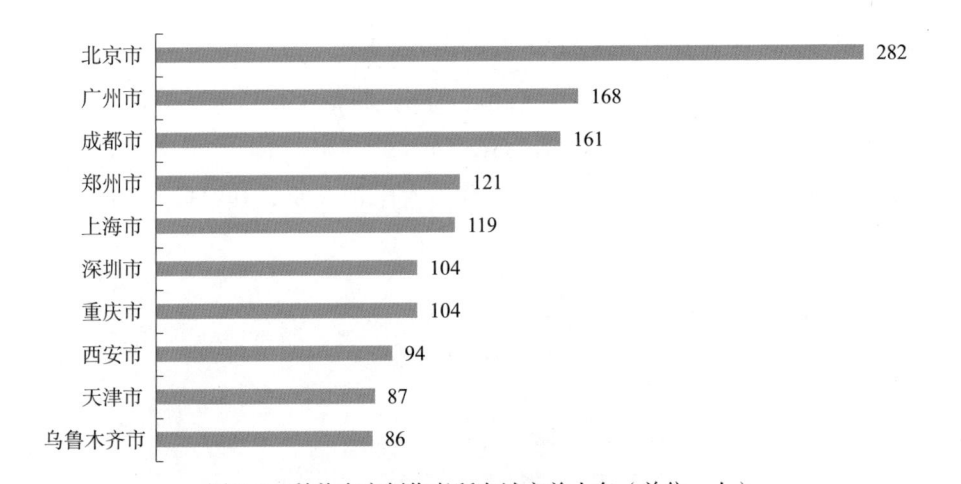

图 9-5　科普内容创作者所在城市前十名（单位：人）

表 9-5　科普内容创作者所在城市前十位

受访者所在城市	数量 / 人	占比 / %
北京市	282	5.09
广州市	168	3.03
成都市	161	2.90
郑州市	121	2.18
上海市	119	2.15
深圳市	104	1.88
重庆市	104	1.88
西安市	94	1.70
天津市	87	1.57
乌鲁木齐市	86	1.55

五、创作者的职业结构：科研人员缺位

受访的抖音科普内容创作者中，科技工作者占比达到 38.01%。科技工作者中占比最高的两个人群为其他事业单位专业技术人员与企业专业技术人员，占总人数的比例分别为 13.13% 与 13.04%。专业从事科普的创作者人数次之，

占比 3.48%。医院、医疗机构工作人员占比 2.89%。中小学及高校教师占比 2.85%。科研院所工作人员较少，占比 1.33%。科技工作者受访群体中人数最少的两个群体是离退休科技工作者与科技馆、博物馆等场所工作人员，分别占比 0.88% 和 0.40%。受访者中非科技工作者占比 61.99%，其中总占比最高的是学生人群（34.60%）（图 9-6 和表 9-6）。

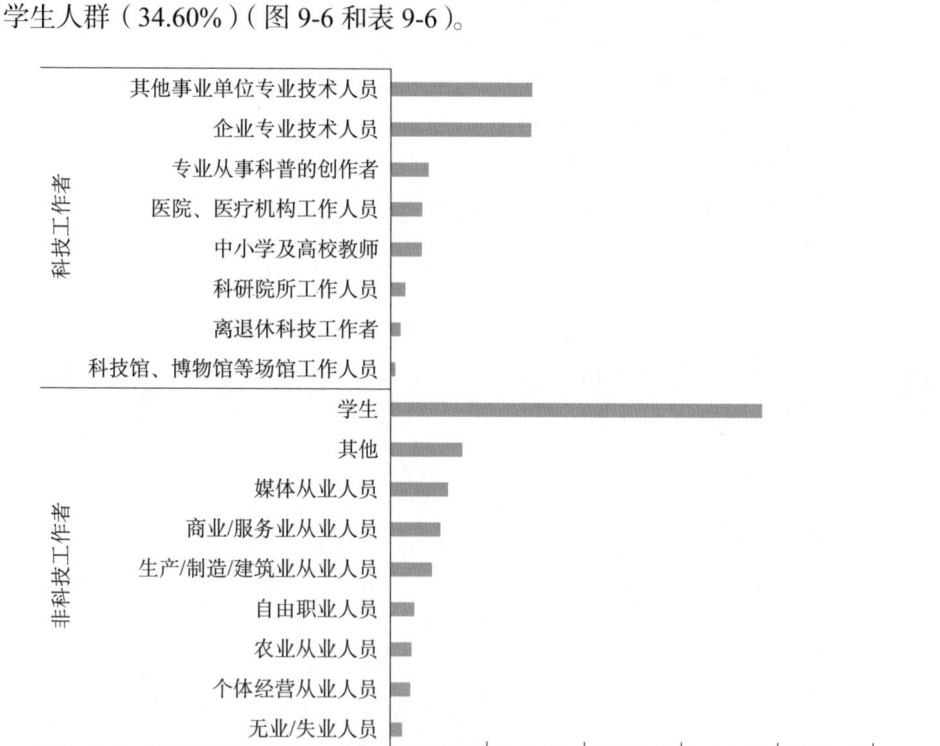

图 9-6　科普内容创作者职业人数（单位：人）

表 9-6　科普内容创作者分职业人数及占比

创作者职业性质	创作者所在行业	人数/人	占比/%	人数/人	占比/%
科技工作者	科技馆、博物馆等场馆工作人员	22	0.40	2107	38.01
	科研院所工作人员	74	1.33		
	离退休科技工作者	49	0.88		
	其他事业单位专业技术人员	728	13.13		
	企业专业技术人员	723	13.04		
	医院、医疗机构工作人员	160	2.89		
	中小学及高校教师	158	2.85		
	专业从事科普的创作者	193	3.48		

续表

创作者职业性质	创作者所在行业	人数 / 人	占比 /%	人数 / 人	占比 /%
非科技工作者	个体经营	101	1.82	3437	61.99
	媒体从业人员	295	5.32		
	农业	107	1.93		
	其他	369	6.66		
	商业 / 服务业	255	4.60		
	生产 / 制造 / 建筑业	211	3.81		
	无业 / 失业	60	1.08		
	学生	1918	34.60		
	自由职业	121	2.18		
总计		5544	100	5544	100

六、创作者的起源地：短视频平台

受访的平台科普创作者初次发布科普内容的平台主要是抖音，占比 63.58%。其次是快手，占比 13.17%。排名前五位的平台分别为抖音、快手、微信公众号、微博、今日头条（图 9-7 和表 9-7）。

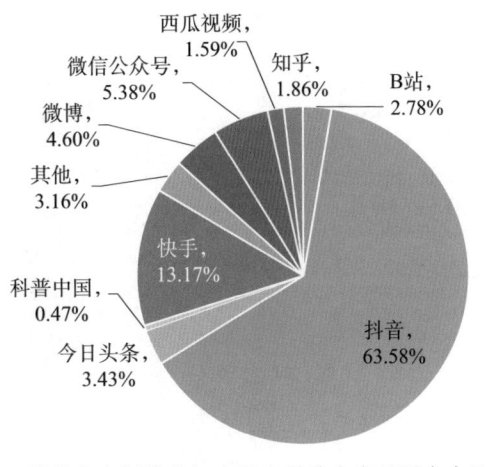

图 9-7　科普内容创作者初次发布科普内容的平台占比情况

表 9-7　科普内容创作者初次发布科普内容的平台人数及占比

最初在哪个平台发布科普内容	人数 / 人	占比 /%
抖音	3525	63.58
快手	730	13.17
微信公众号	298	5.38
微博	255	4.60
今日头条	190	3.43
其他	175	3.16
B 站	154	2.78
知乎	103	1.86
西瓜视频	88	1.59
科普中国	26	0.47
总计	5544	100.00

七、从事科普创作的时间：5 年以下者居多

受访的科普内容创作者从事科普内容创作的时间集中在 5 年以下。最主要的创作群体为从事科普内容创作 1 年以下的创作者，占比 47.24%。其次是从事科普创作 1～3 年的人群，占比 31.20%。从事科普创作 3～5 年的人群占比 13.55%。从事科普创作 5～10 年的人群占比 4.92%。有 10 年以上科普内容创作时间的人最少，占比 3.08%（图 9-8 和表 9-8）。

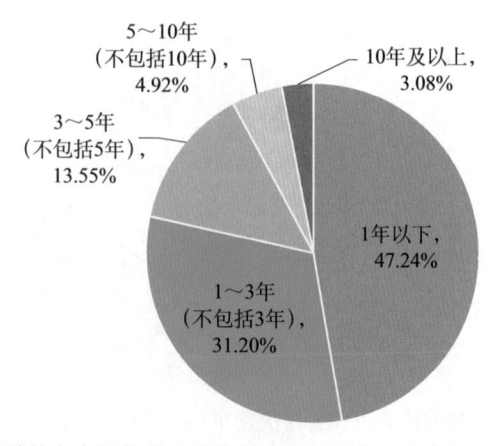

图 9-8　科普内容创作者中从事科普内容创作不同时间的占比情况

表 9-8　科普内容创作者从事不同科普创作时间的人数及占比

从事科普创作的时间	人数 / 人	占比 /%
1 年以下	2619	47.24
1～3 年（不包括 3 年）	1730	31.20
3～5 年（不包括 5 年）	751	13.55
5～10 年（不包括 10 年）	273	4.92
10 年及以上	171	3.08
总计	5544	100.00

第二节　平台科普创作者的创作特点

一、创作者擅长的作品题材：以生活为主

创作者擅长的作品主题按选择人数从高到低排名为：生活百科、生态环境、信息科技、科学史与人物、基础科学、农业科普、医学健康、军事科普、航空航天（表 9-9）。

表 9-9　科普内容创作者擅长的主题人数及占比

创作者擅长的主题	人数 / 人	占比 /%
生活百科	3371	60.80
生态环境	1371	24.73
信息科技	1191	21.48
科学史与人物	872	15.73
基础科学	852	15.37
农业科普	698	12.59
医学健康	678	12.23
军事科普	516	9.31
航空航天	466	8.41

对科普创作者的调查结果显示，创作者最擅长的热门科普领域是生活百科类，占比高达 60.80%。其次是生态环境类科普内容，占比达到 24.73%。排名

第三位的是信息科技类，21.48% 的创作者选择了信息科技领域。创作者擅长的领域选择最少的是航空航天，仅有 8.41% 的创作者擅长该领域（图 9-9）。

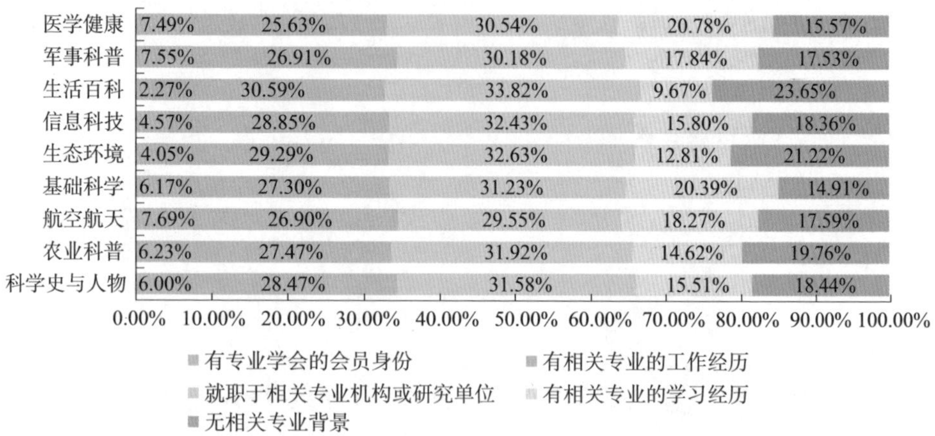

医学健康 7.49% 25.63% 30.54% 20.78% 15.57%
军事科普 7.55% 26.91% 30.18% 17.84% 17.53%
生活百科 2.27% 30.59% 33.82% 9.67% 23.65%
信息科技 4.57% 28.85% 32.43% 15.80% 18.36%
生态环境 4.05% 29.29% 32.63% 12.81% 21.22%
基础科学 6.17% 27.30% 31.23% 20.39% 14.91%
航空航天 7.69% 26.90% 29.55% 18.27% 17.59%
农业科普 6.23% 27.47% 31.92% 14.62% 19.76%
科学史与人物 6.00% 28.47% 31.58% 15.51% 18.44%
0.00% 10.00% 20.00% 30.00% 40.00% 50.00% 60.00% 70.00% 80.00% 90.00% 100.00%
有专业学会的会员身份
有相关专业的工作经历
就职于相关专业机构或研究单位
有相关专业的学习经历
无相关专业背景

图 9-9　科普内容创作者中不同职业专业性背景

从对科技工作者与非科技工作者的比较中可以发现，每个科技工作者擅长的创作主题较多，平均 1.98 个主题；其次是非科技工作者群体，平均 1.75 个主题；最少的是学生群体，平均 1.69 个主题（图 9-10）。

人数/人
2500
2000
1500
1000
500
0
平均擅长领域数量/个
2.00
1.95
1.90
1.85
1.80
1.75
1.70
1.65
1.60
1.55
1.50
科技工作者
非科技工作者
学生
人数
平均擅长量

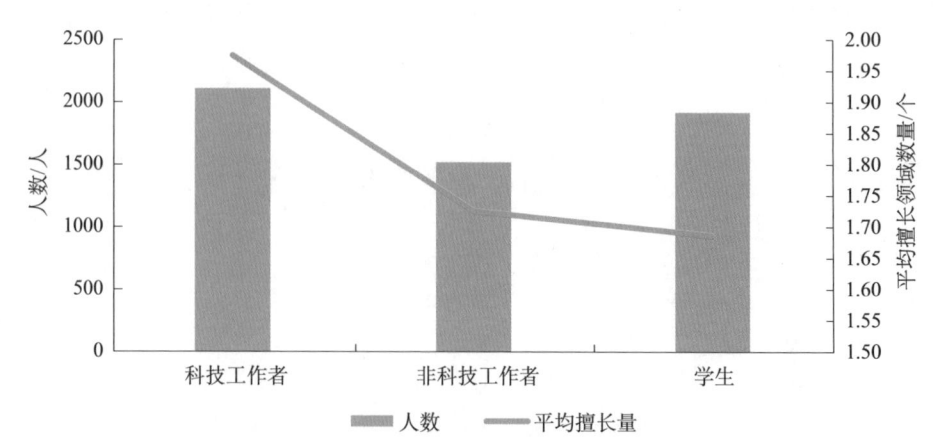

图 9-10　科普内容创作者擅长领域情况

对不同内容题材创作者的专业性背景分析后可知，生活百科类创作者中无相关专业背景的人数占比最高，达到 23.65%。其次是生态环境类创作者中无相关专业背景的人数占比，为 21.22%。有相关专业背景的人数占比最高的主题是基础科学，占比 85.09%。

二、创作者心目中的热门题材：生活百科类

在调查中发现，创作者心目中的热门科普领域从高到低依次为：生活百科、信息科技、生态环境、医学健康、军事科普、科学史与人物、航空航天、农业科普、其他、基础科学（图 9-11）。

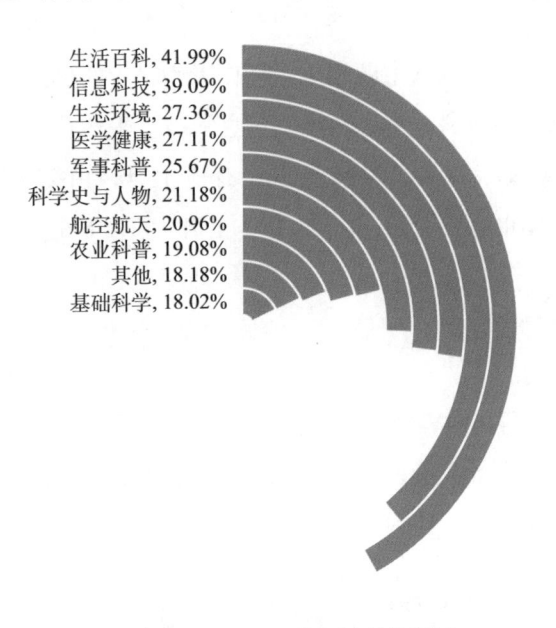

生活百科, 41.99%
信息科技, 39.09%
生态环境, 27.36%
医学健康, 27.11%
军事科普, 25.67%
科学史与人物, 21.18%
航空航天, 20.96%
农业科普, 19.08%
其他, 18.18%
基础科学, 18.02%

图 9-11 创作者心目中的热门的科普领域

调查发现，最受创作者欢迎的热门科普领域是生活百科类，占比高达 41.99%。其次是信息科技类，占比达到 39.09%。排在第三位的是生态环境类，占比达到 27.36%。创作者心目中的热门领域，选择最少的是基础科学，占比仅为 18.02%（表 9-10）。

表 9-10 最受创作者欢迎的热门科普领域选择人数及占比

哪些领域的题材容易成为本平台的热门	人数 / 人	占比 /%
生活百科	2328	41.99
信息科技	2167	39.09
生态环境	1517	27.36
医学健康	1503	27.11
军事科普	1423	25.67
科学史与人物	1174	21.18

续表

哪些领域的题材容易成为本平台的热门	人数/人	占比/%
航空航天	1162	20.96
农业科普	1058	19.08
其他	1008	18.18
基础科学	999	18.02

与创作者擅长的领域主题相比，创作者心目中的热门题材排名前三位的主题领域仍然为生活百科、生态环境、信息科技。生活百科类占比有所降低，从60.80%降为41.99%。信息科技类占比有所上升，由21.48%上升为39.09%。生态环境类占比也有所上升，由21.48%上升为27.36%。

三、创作者的作品形式：以视频为主

受访的抖音科普内容创作者表示最喜欢的创作形式为视频。单独进行视频创作的科普内容创作者数量占比高达48.68%。其次是"采用图文＋视频"形式的创作者，占比31.08%。纯图文创作者占比最低，为20.24%（图9-12和表9-11）。

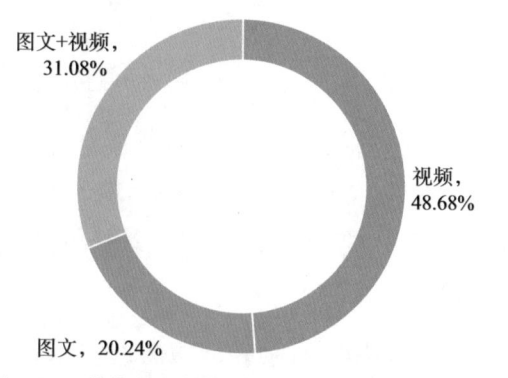

图9-12　科普内容创作者选择不同作品形式的占比

表9-11　科普内容创作者选择不同作品形式的人数及占比

作品形式	数量/人	占比/%
视频	2699	48.68
图文	1122	20.24
图文＋视频	1723	31.08
总计	5544	100.00

四、创作者的作品题材：科普文本是基础

创作者擅长的作品题材从高到低依次为：视频＋配音、图文、真人口述、现场体验、动画／模型、情景剧、实验。27.21%的创作者擅长"视频＋配音"形式的科普作品；受访者擅长图文科普内容的占比24.85%；12.46%的受访者擅长创作真人口述类科普作品；选择最少的科普作品形式为动画／模型，占比9.23%（图9-13和表9-12）。

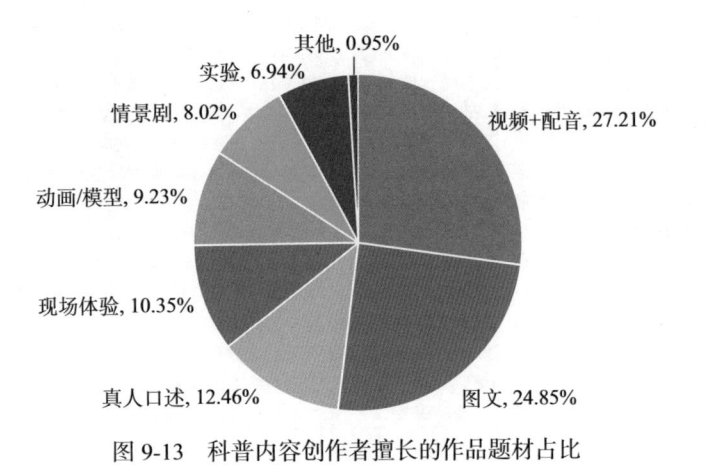

图 9-13　科普内容创作者擅长的作品题材占比

表 9-12　科普内容创作者擅长的作品题材的人数及占比

擅长的作品题材	人数／人	占比／%
视频＋配音	2904	27.21
图文	2652	24.85
真人口述	1330	12.46
现场体验	1105	10.35
动画／模型	985	9.23
情景剧	856	8.02
实验	741	6.94
其他	101	0.95
总计	10 674	100.00

在擅长的作品题材方面，专业从事科普的创作者与科技馆、博物馆等场馆工作人员有更高比例擅长真人口述类作品，占比15%以上。科研院所工作人员

与离退休科技工作者有更高比例擅长情景剧类作品，占比10%以上。专业从事科普的创作者与自由职业者有更高比例擅长"视频＋配音"类作品，占比30%以上。学生群体有更高比例擅长图文类作品，占比达到29.51%（图9-14和表9-13）。

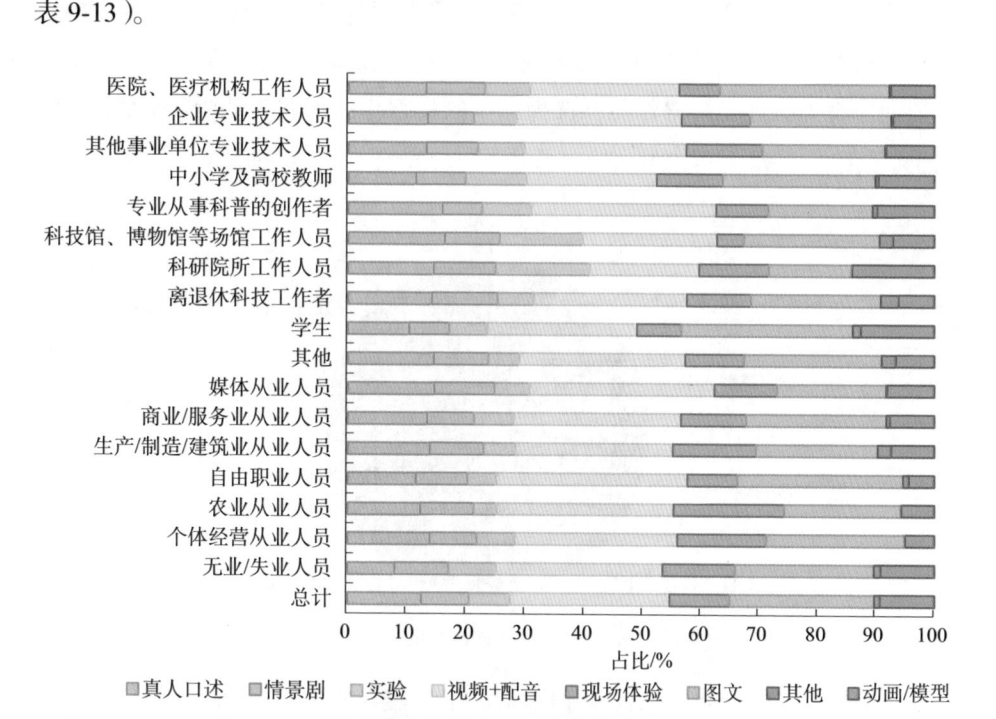

图9-14　科普内容创作者的职业身份与擅长的作品题材

表9-13　科普内容创作者的职业身份与擅长的作品题材占比（单位：%）

职业身份	真人口述	情景剧	实验	视频＋配音	现场体验	图文	其他	动画/模型
医院、医疗机构工作人员	13.10	9.90	7.67	25.56	7.03	29.07	0.32	7.35
企业专业技术人员	13.35	7.77	7.13	28.39	11.79	24.22	0.35	6.99
其他事业单位专业技术人员	13.18	8.63	7.89	27.76	13.04	21.14	0.20	8.16
中小学及高校教师	11.42	8.36	10.31	22.28	11.42	26.18	0.56	9.47
专业从事科普的创作者	15.86	6.72	8.33	31.72	8.87	18.01	0.81	9.68
科技馆、博物馆等场馆工作人员	16.28	9.30	13.95	23.26	4.65	23.26	2.33	6.98

续表

职业身份	真人口述	情景剧	实验	视频＋配音	现场体验	图文	其他	动画/模型
科研院所工作人员	14.43	10.45	15.92	18.91	11.94	14.43	0.00	13.93
离退休科技工作者	14.14	11.11	6.06	26.26	11.11	22.22	3.03	6.06
学生	10.35	6.75	6.35	25.54	7.65	29.51	1.42	12.44
其他	14.47	9.22	5.25	28.37	10.21	23.55	2.41	6.52
媒体从业人员	14.58	10.17	5.93	31.69	10.68	18.81	0.17	7.97
商业/服务业从业人员	13.36	7.93	6.68	28.60	11.27	24.01	0.63	7.52
生产/制造/建筑业从业人员	13.85	9.07	5.29	26.95	14.36	20.91	2.27	7.30
自由职业人员	11.54	8.65	4.81	32.69	8.65	28.37	0.96	4.33
农业从业人员	12.29	8.94	3.91	30.17	18.99	20.11	0.00	5.59
个体经营从业人员	13.86	7.92	6.44	27.72	15.35	23.76	0.00	4.95
无业/失业人员	7.95	9.09	7.95	28.41	12.50	23.86	1.14	9.09
总计	12.46	8.02	6.94	27.21	10.35	24.85	0.95	9.23

五、科普视频作品的典型时长：5分钟以内

52.29% 的创作者条均科普作品时长在 2 分钟以内。条均科普作品时长在 2～5 分钟的创作者占比 19.35%。作品时长为 6～10 分钟的受访者占比 3.63%。科普作品时长在 30 分钟以上的创作者占比 2.69%（图 9-15 和表 9-14）。

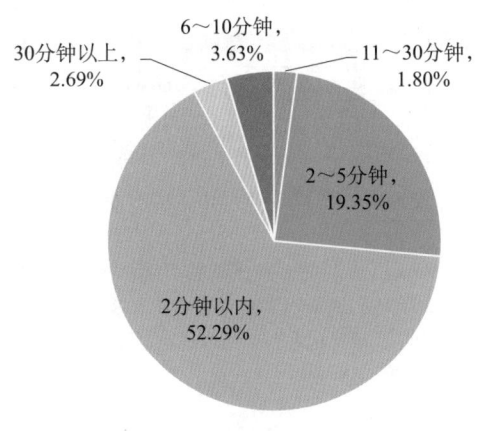

图 9-15 科普创作者创作的条均科普作品时长占比

表 9-14 科普创作者创作的条均科普作品时长及占比

创作的条均科普作品时长	人数 / 人	占比 /%
2 分钟以内	2899	52.29
2～5 分钟	1073	19.35
6～10 分钟	201	3.63
11～30 分钟	100	1.80
30 分钟以上	149	2.69
总计	5544	100.00

六、从事创作的专业背景：专业性不足

在受访者中，无相关专业背景的创作者占比 49.14%。在无相关专业背景的创作者中，非科技工作者占比 68.17%，科技工作者占比 31.83%。在有相关专业背景的创作者中，科技工作者占比 51.66%，明显高于无相关背景创作者的占比（图 9-16 和表 9-15）。

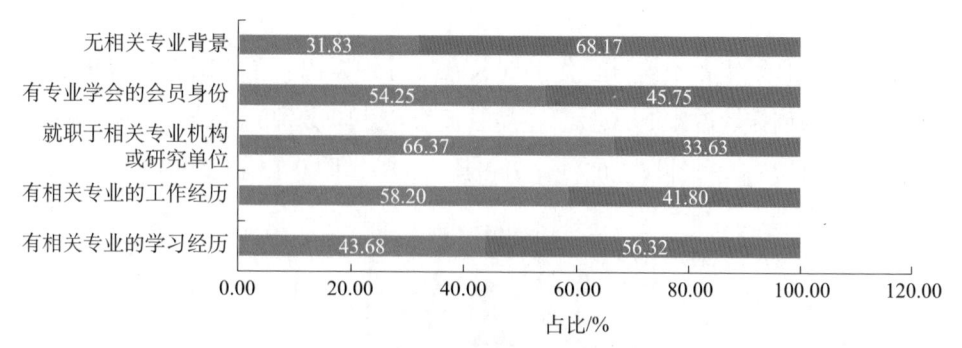

图 9-16 不同职业创作者的专业背景

表 9-15 不同专业背景的创作者人数及占比

专业背景	总人数占比 /%	科技工作者人数占比 /%	非科技工作者人数占比 /%
有相关专业的学习经历	25.44	43.68	56.32
有相关专业的工作经历	14.13	58.20	41.80

专业背景	总人数占比 /%	科技工作者人数占比 /%	非科技工作者人数占比 /%
就职于相关专业机构或研究单位	6.71	66.37	33.63
有专业学会的会员身份	4.58	54.25	45.75
无相关专业背景	49.14	31.83	68.17

从创作者的专业背景来看，生活百科与生态环境类无相关专业背景的创作者占比较高，均超过 21%。医学健康与基础科学类创作者有相关学习经历的占比较高，均超过 20%。生活百科类创作者有相关工作经历的比例较高，为 30.59%（表 9-16）。

表 9-16 科普内容创作者擅长的主题与专业背景占比 （单位：%）

擅长主题	有专业学会的会员身份	有相关专业的工作经历	就职于相关专业机构或研究单位	有相关专业的学习经历	无相关专业背景
科学史与人物	6.00	28.47	31.58	15.51	18.44
农业科普	6.23	27.47	31.92	14.62	19.76
航空航天	7.69	26.90	29.55	18.27	17.59
基础科学	6.17	27.30	31.23	20.39	14.91
生态环境	4.05	29.29	32.63	12.81	21.22
信息科技	4.57	28.85	32.43	15.80	18.36
生活百科	2.27	30.59	33.82	9.67	23.65
军事科普	7.55	26.91	30.18	17.84	17.53
医学健康	7.49	25.63	30.54	20.78	15.57

从科普视频的时长来看，在相关专业背景的创作者中，单个视频时长在 2 分钟以内以及 2～5 分钟的创作者较多。在有相关专业背景的创作者中，短视频占比相对较少，长视频占比较多（图 9-17 和表 9-17）。

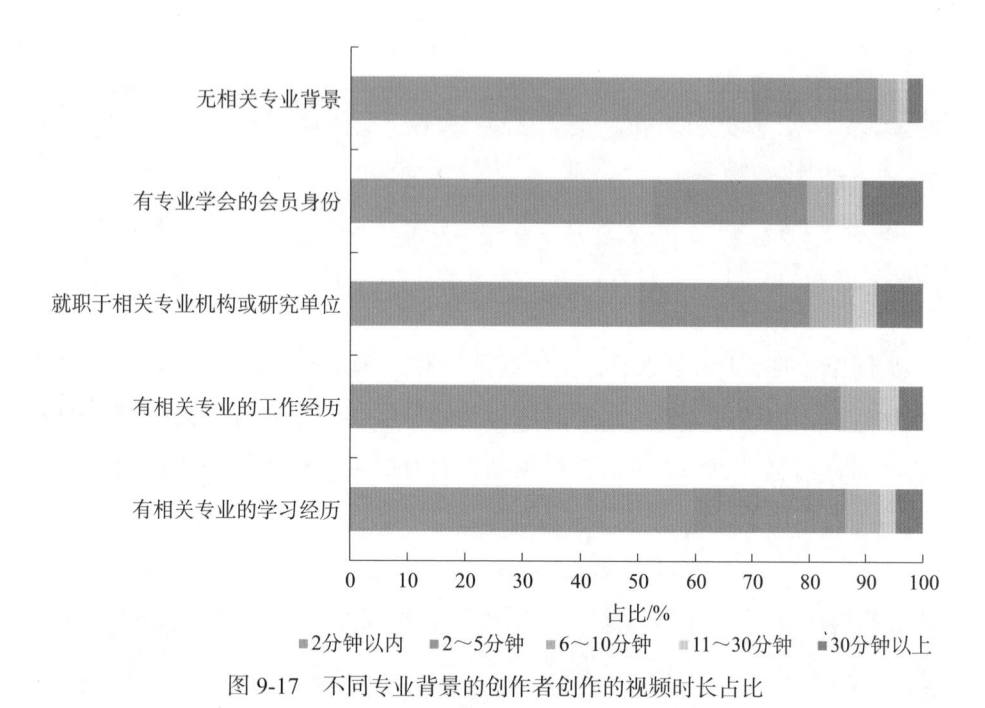

图 9-17　不同专业背景的创作者创作的视频时长占比

表 9-17　科普内容创作者相关专业背景与科普视频平均时长占比（单位：%）

单个科普视频平均时长	有相关专业的学习经历	有相关专业的工作经历	就职于相关专业机构或研究单位	有专业学会的会员身份	无相关专业背景
2 分钟以内	46.80	45.08	40.53	42.16	56.51
2～5 分钟	21.11	25.19	24.05	21.90	17.77
6～10 分钟	4.82	5.71	6.24	3.92	2.65
11～30 分钟	2.18	2.75	3.34	3.92	1.46
30 分钟以上	3.64	3.39	6.46	8.50	2.16
总计	100.00	100.00	100.00	100.00	100.00

七、科普创作的科学性审核：流程不明

关于创作者的科学性审核情况，39.45% 的创作者不清楚需要的审核流程。

受访者表示无科学审核流程的占比 14.68%。受访者会寻找相关领域专业人员进行审核，其中有近一半的受访者会另外寻找科普工作者与平台编辑进行审核。仅寻找平台编辑进行审核的占比 13.55%。仅有少数人单独寻找科普工作者审核，占比 4.11%（图 9-18 和表 9-18）。

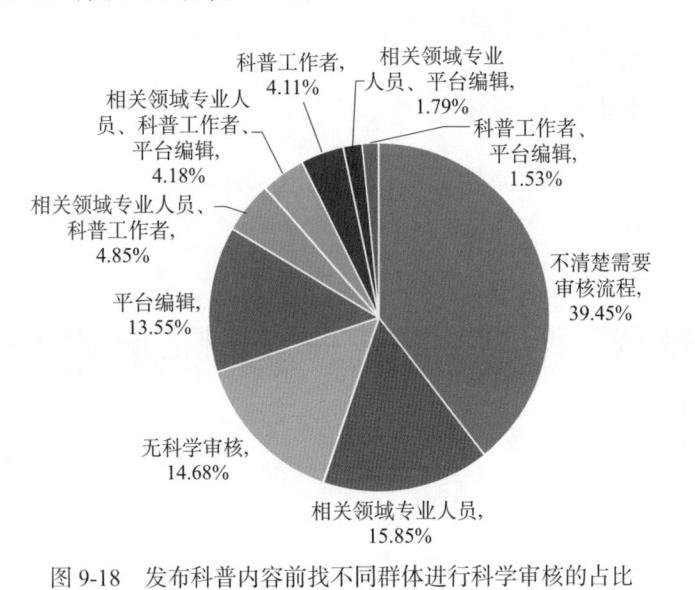

图 9-18　发布科普内容前找不同群体进行科学审核的占比

表 9-18　发布科普内容前找不同群体进行科学审核的人数及占比

在发布科普内容前一般会找哪些群体进行科学审核	人数 / 人	占比 /%
不清楚需要审核流程	2187	39.45
相关领域专业人员	879	15.85
无科学审核	814	14.68
平台编辑	751	13.55
相关领域专业人员、科普工作者	269	4.85
相关领域专业人员、科普工作者、平台编辑	232	4.18
科普工作者	228	4.11
相关领域专业人员、平台编辑	99	1.79
科普工作者、平台编辑	85	1.53
总计	5544	100

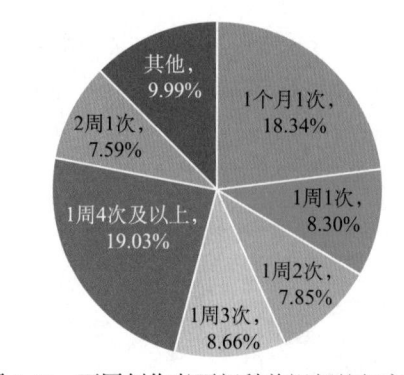

图 9-19　不同创作者更新科普视频的频率占比

八、科普视频作品的更新频率

关于创作者的更新频率情况，19.03% 的创作者的更新频率在一周四次及以上，8.66% 的受访者的更新频率为 1 周三次，更新频率为两周一次的创作者占比 7.59%（图 9-19 和表 9-19）。

表 9-19　不同更新频率的创作者人数及占比

平台科普视频更新的频率	人数 / 人	占比 /%
1 周 4 次及以上	1055	19.03
1 个月 1 次	1017	18.34
其他	554	9.99
1 周 3 次	480	8.66
1 周 1 次	460	8.30
1 周 2 次	435	7.85
2 周 1 次	421	7.59
总计	5544	100.00

第三节　平台科普创作者的发展状况

一、创作者的全平台粉丝规模

受访的科普内容创作者在全平台的粉丝规模多数为 20 万以下，占比 91.50%；在全平台的粉丝规模为 20 万～50 万的创作者占比 2.98%；在全平台的粉丝规模为 1000 万及以上的创作者占比 2.36%（图 9-20 和表 9-20）。

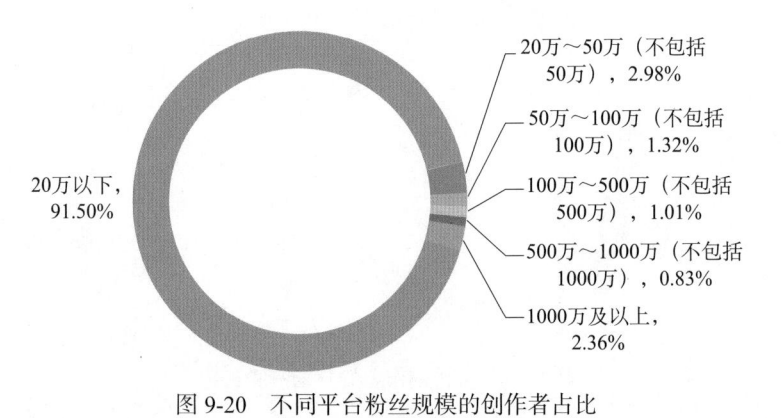

图 9-20　不同平台粉丝规模的创作者占比

表 9-20　不同平台粉丝规模的创作者人数及占比

全网所有平台的粉丝规模	人数 / 人	占比 /%
20 万以下	5073	91.50
20 万～50 万（不包括 50 万）	165	2.98
50 万～100 万（不包括 100 万）	73	1.32
100 万～500 万（不包括 500 万）	56	1.01
500 万～1000 万（不包括 1000 万）	46	0.83
1000 万及以上	131	2.36
总计	5544	100.00

二、创作者的涨粉情况

91.23% 的创作者月均涨粉在 2000 人以下，月均涨粉在 2000 人到 10 000 人之间的占比 4.94%，月均涨粉 1 万～5 万人的占比 1.3%，月均涨粉在 100 万人及以上的占比 1.61%（图 9-21 和表 9-21）。

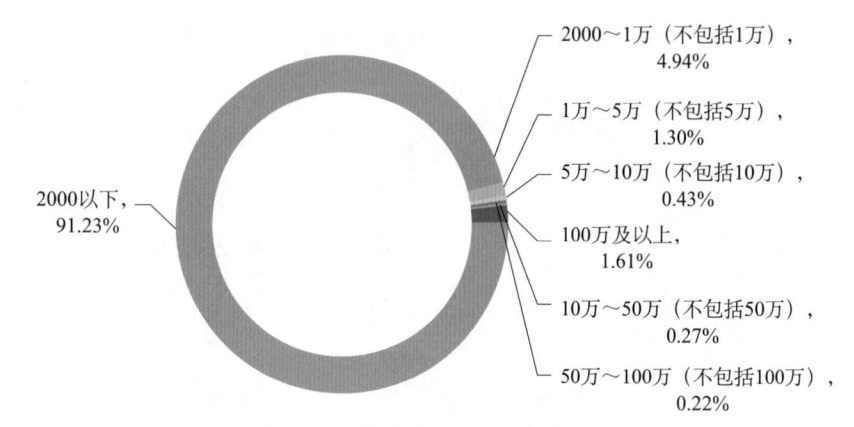

图 9-21　科普创作者的月均涨粉占比

表 9-21　科普创作者的月均涨粉人数及占比

月均涨粉	人数 / 人	占比 /%
2000 以下	5058	91.23
2000～1 万（不包括 1 万）	274	4.94
1 万～5 万（不包括 5 万）	72	1.30
5 万～10 万（不包括 10 万）	24	0.43
10 万～50 万（不包括 50 万）	15	0.27
50 万～100 万（不包括 100 万）	12	0.22
100 万及以上	89	1.61
总计	5544	100.00

三、科普创作作品播放量

73.97% 的创作者条均科普作品播放量在 20 万以下，条均科普作品播放量在 20 万～50 万的占比 2.87%，条均科普作品播放量为 50 万～100 万的占比 0.78%，条均科普作品播放量在 1000 万以上的占比 1.48%（图 9-22 和表 9-22）。

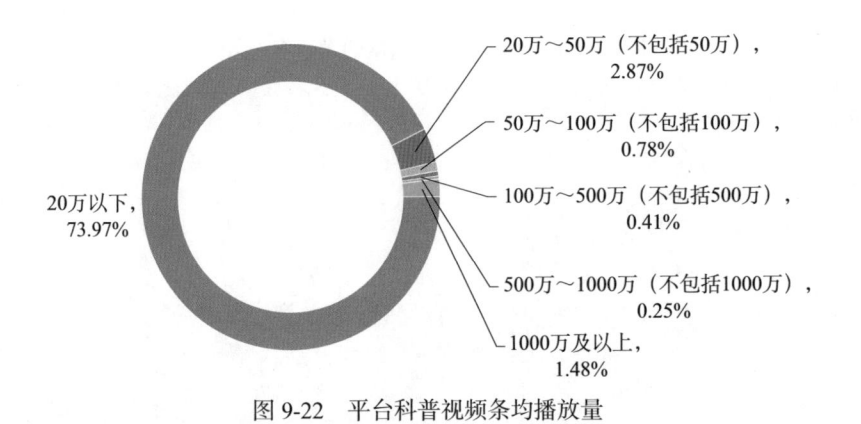

图 9-22　平台科普视频条均播放量

表 9-22　平台科普视频条均播放量人数及占比

科普视频条均播放量	人数 / 人	占比 /%
20 万以下	4101	73.97
20 万～50 万（不包括 50 万）	159	2.87
50 万～100 万（不包括 100 万）	43	0.78
100 万～500 万（不包括 500 万）	23	0.41
500 万～1000 万（不包括 1000 万）	14	0.25
1000 万及以上	82	1.48
总计	5544	100.00

四、创作者对平台扶持力度的满意度

大多数创作者对平台的扶持力度表示满意。选择非常满意和满意的人群占比 61.79%。其中，表示非常满意的创作者占比 32.79%，表示满意的创作者占比 29.00%。另外，表示对平台扶持力度无所谓的创作者占比 20.91%，对平台扶持力度不满意的创作者占比 11.38%，表示非常不满意的创作者占比 5.92%（图 9-23 和表 9-23）。

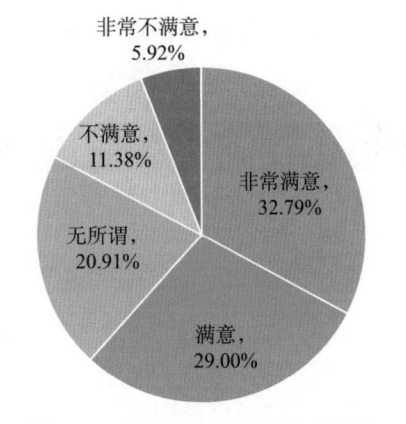

图 9-23　创作者对平台扶持力度的满意度占比

表 9-23　创作者对平台扶持力度的满意度人数及占比

创作者对平台扶持力度的满意程度	人数 / 人	占比 /%
非常满意	1818	32.79
满意	1608	29.00
无所谓	1159	20.91
不满意	631	11.38
非常不满意	328	5.92
总计	5544	100.00

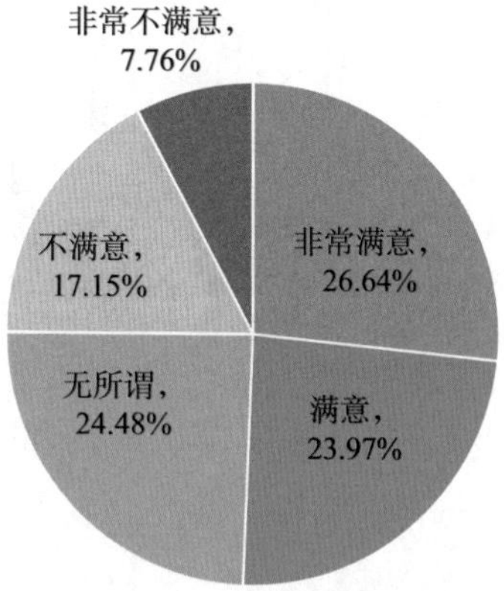

图 9-24　对平台回报的满意度占比

五、创作者对平台回报的满意度

大多数创作者对平台的回报表示满意。选择非常满意和满意的创作者占比 50.67%。其中，表示非常满意的创作者占比 26.64%，表示满意的创作者占比 23.97%。另外，表示对平台回报无所谓的创作者占比 24.48%，对平台回报不满意的创作者占比 17.15%，表示非常不满意的创作者占比 7.76%（图 9-24 和表 9-24）。

表 9-24　创作者对平台回报的满意度占比

创作者对平台回报的满意度程度	人数 / 人	占比 /%
非常满意	1477	26.64
满意	1329	23.97
无所谓	1357	24.48
不满意	951	17.15
非常不满意	430	7.76
总计	5544	100.00

六、创作者的科普创作动力

对创作者的调查结果显示，创作者心目中的创作动力排名如下：出于兴趣爱好、获取更高流量、赚取更多利润、行业准入门槛低、成名的想象、本职工作需要、其他。其中，创作者心目中最大的创作动力是出于兴趣爱好，占比高达 48.99%。其次是获取更高的流量，占比 14.68%。排在第三位的是赚取更多利润，占比 12.09%。选择最少的是本职工作需要，占比 7.40%（图 9-25 和表 9-25）。

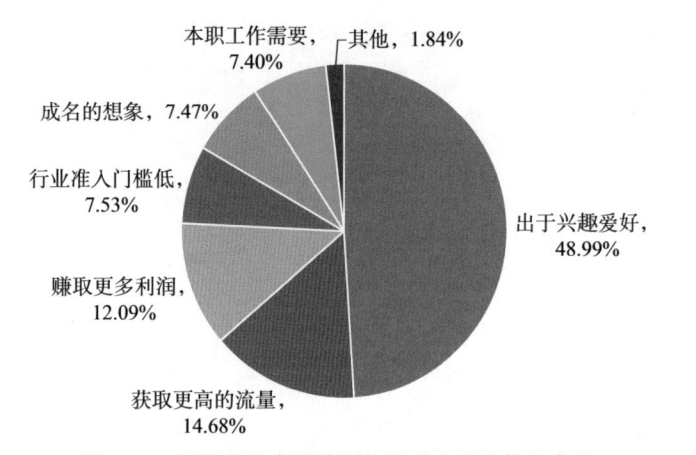

图 9-25　创作者从事科普创作的动力及人数和占比

表 9-25　创作者从事科普创作的动力及人数和占比

从事科普创作的动力	人数 / 人	占比 /%
出于兴趣爱好	4298	48.99
获取更高的流量	1288	14.68
赚取更多利润	1061	12.09
行业准入门槛低	661	7.53
成名的想象	655	7.47
本职工作需要	649	7.40
其他	161	1.84

第四节 平台科普创作生态总结

一、科普内容创作者中，男性、年轻人、研究生以下受教育程度群体占比较高

科普创作者中男性占比明显较高，年轻群体远高于年长群体。在受教育程度方面，研究生及以上群体占比最低，初中及以下、高中、大专、本科四个受教育程度群体人数相近。

二、创作者在地理上分布广泛，发达省（自治区、直辖市）的头部效应明显

创作者人数排名第一的省份为广东省，创作者人数为排在第二位的河南省的近两倍。排名第一的城市为北京市，为排名第二位的广州市的 1.5 倍以上。

三、创作者创作的作品以视频为主，多数创作者从业时间较短且粉丝量低

创作者创作的作品形式中，视频居第一位，其次是图文视频都涉及的创作者，纯图文创作者最少。大多数创作者从事科普内容创作的时间较短，创作时间在三年以内的科普创作者占比超过 70%。超过 90% 的创作者粉丝人数较少，全网粉丝数低于 20 万人。绝大多数科普内容创作者月均涨粉速度在 2000 人以下。

四、创作者的作品集中在生活百科、生态环境与信息科技三个主题

创作者擅长的作品集中在生活百科、生态环境与信息科技三大主题。科技

工作者擅长的主题数量高于非科技工作者与学生。在不同主题创作者的专业性方面，所有主题的创作者专业性均较高，仅有生活百科类与生态环境类创作者无专业背景的人数占比较高。

五、创作者更擅长视频+配音、图文、真人口述三种形式

在创作者擅长的作品形式方面，视频+配音、图文、真人口述三种形式占据了 60% 以上的比例。专业从事科普的创作者，科技馆、博物馆等场馆工作人员，科研院所工作人员中有更大比例的创作者擅长真人口述、实验与动画/模型形式的科普内容，农业与个体经营从业人员创作者有更高比例擅长创作现场体验类作品。

六、科技工作者占全部创作者的比例为 38.01%

科技工作者中占比最高的两个人群为企业专业技术人员与其他事业单位专业技术人员。在相关专业的工作经历、就职于相关专业机构或研究单位、有专业学会的会员身份方面，科技工作者占比较高。

七、过半的创作者无专业背景，科研人员严重缺位，近一半创作者无科学审核流程

在科普创作者中，无专业背景者最多，科研人员仅占全部创作者的 1.33%。从创作者的科学性审核情况看，由专业人员或科普工作者审核过的作品仅占 1/4，不清楚需要的审核流程和无科学审核流程的创作者占比近半。

八、短视频占多数且多数人更新频率较高

从创作者创作的视频作品时长及更新频率来看，一半以上的创作者的作品时长在两分钟以内。多数创作者更新频率较高，一半以上的创作者保持一周一

次以上的更新频率。

九、生活百科、信息科技、生态环境是热门创作科普领域

创作者心目中的热门科普领域集中于生活百科、信息科技、生态环境三个方面，与科普内容创作者擅长的科普内容相同。

十、三大创作动力：出于兴趣爱好、获取更高的流量、赚取更多利润

在平台科普生态方面，大多数创作者对平台的扶持力度表示满意，选择非常满意和满意的人群超过六成。一半以上的创作者对平台的回报表示满意，选择非常满意和满意的人群占比超过五成。在调查中发现，创作者心目中排名最高的三个创作动力是出于兴趣爱好、获取更高的流量、赚取更多利润。

第十章 ■■■■■

抖音、西瓜视频、今日头条平台内容资源数据分析报告

　　本报告对巨量算数提供的抖音、今日头条、西瓜视频三个平台的科普视频与科普图文的发布量、播放量、传播量等数据，以及热门科普视频的主题分布和传播特点进行了分析。根据平台内容标签与关键词，通过技术手段对三个平台的相关科普数据进行抓取，结合人工分析形成抖音、今日头条、西瓜视频内容资源数据分析报告。

第一节　抖音科普视频数据分析

一、2021 年抖音科普视频资源

2021 年 1～12 月，抖音每月发布的科普视频呈现波动式增长趋势（图 10-1）。

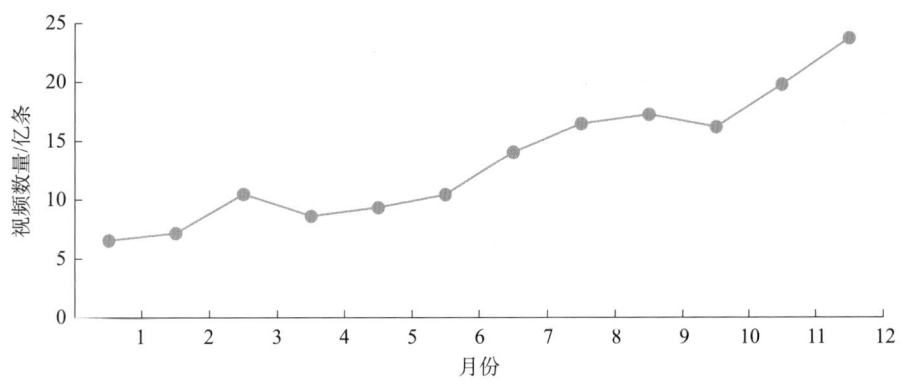

图 10-1　2021 年抖音每月发布科普视频情况

2021 年 1～12 月抖音发布的视频中，健康科普类占比最高（40.92%），其次是社会科普类（占比 40.66%），科普综合类占比 15.47%，自然科普类占比 2.26%，天文科普类占比 0.69%（图 10-2）。

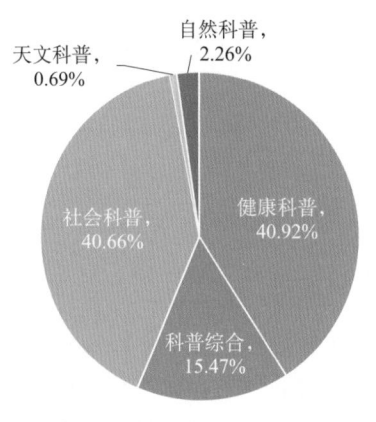

图 10-2　抖音发布的科普视频的主题及占比

2021 年 1～12 月，抖音新发布的社会科普与健康科普类视频较多。健康科普类内容全年有 4 个月的时间占据第一位。受突发热点事件的影响，健康科普类内容产出较高的月份中，其产出数量往往远高于居第二位的社会科普类内容。在其余 8 个月的时间里，社会科普类内容发布数量位居第一。科普综合类内容在 12 个月的时间里稳步上升。占比最低的天文科普与自然科普类的内容数量变化较小。综合所有内容主题每月的产出量，产出的最高值为 2021 年 12 月的健康科普类内容（图 10-3）。

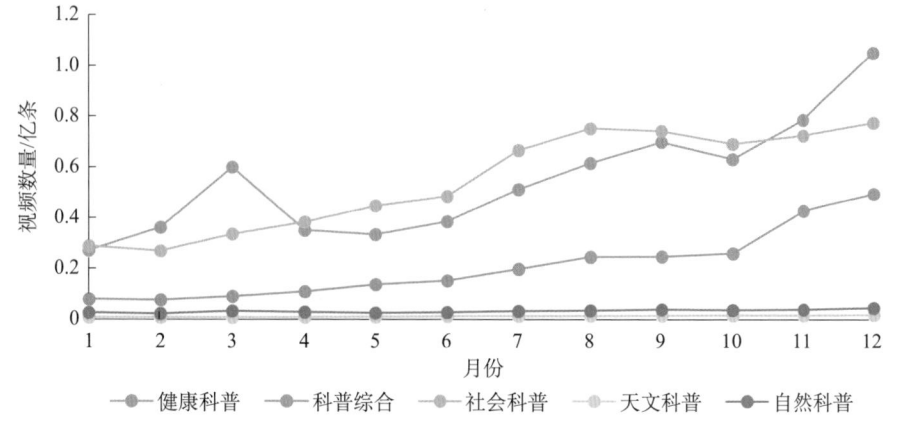

图 10-3　2021 年分主题每月发布视频趋势

二、2021 年抖音热门科普视频

根据巨量算数提供的数据，本报告筛选出播放量超过一定数量的科普视频定为热门科普视频，并对热门视频的数据进行单独分析。

1. 热门科普视频分类发布占比

2021 年发布的热门科普视频中，健康科普类占 42.98%，科普综合类占 16.23%，社会科普类占 11.62%，天文科普类占 8.55%，自然科普类占 20.61%。热门科普视频中，健康科普类视频占比远高于其他类别（图 10-4）。

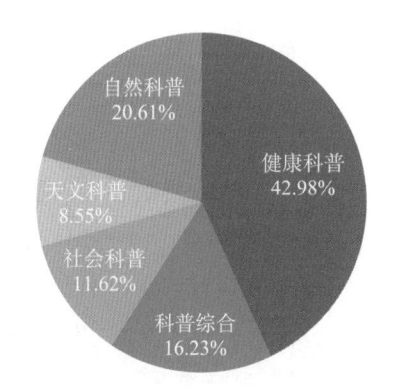

图 10-4　热门科普视频分类发布占比

2. 热门科普视频播放量与完播率

热门科普视频中，健康科普类的视频播放量排名第一，其次是自然科普类、科普综合类、社会科普类与天文科普类视频。分主题的总体播放量与热门内容数量有着一致的分布，但是完播率没有受到热门作品数量的影响。无论是最热门的健康科普类还是热门视频数量较少的天文科普类，其完播率均在 25% 上下。其中，社会科普类的完播率最高，为 31.47%。自然科普类热门内容的完播率最低，为 24.11%（图 10-5）。

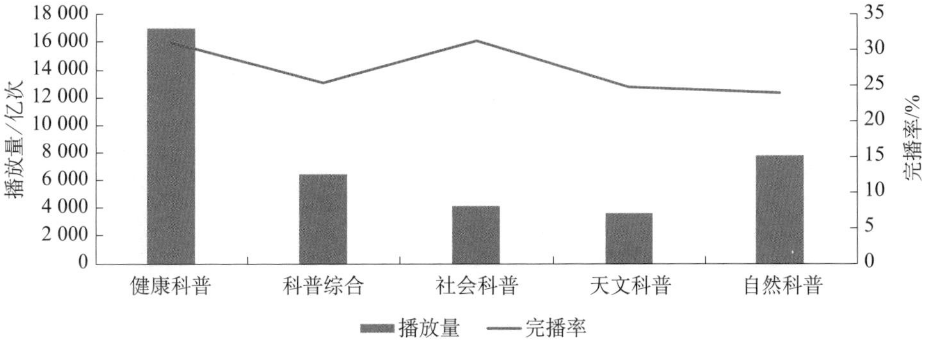

图 10-5　热门科普视频分类播放量占比与完播率

3. 热门科普视频互动量

从互动关系来看，健康科普类科普视频被转发点赞评论的次数均位居第一。自然科普类视频的点赞量较高但是转发评论量均相对较低。科普综合、社会科普、天文科普类视频的转发评论点赞量相比其他类型的视频均较低（图10-6）。

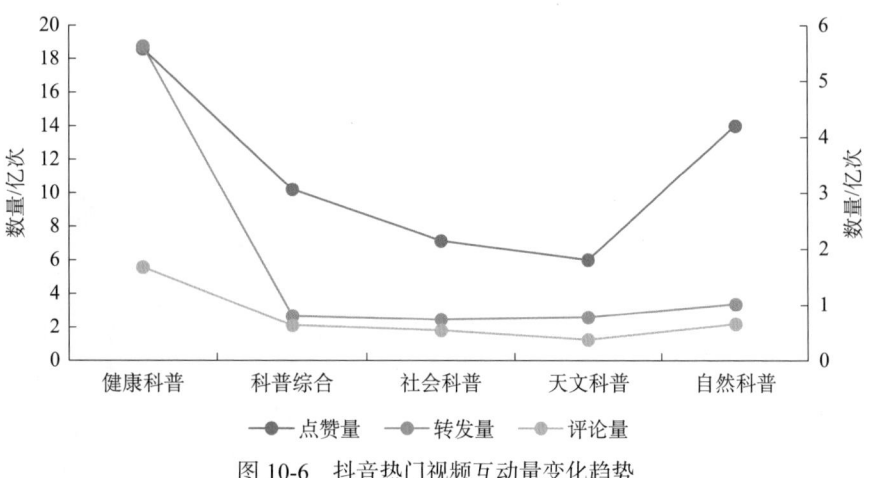

图 10-6　抖音热门视频互动量变化趋势

4. 热门科普主题的播放量分析

用不同主题的热门视频播放量代表该主题的传播广度，用主题的兴趣用户数量代表该主题的大众化程度，不同主题的热门视频播放量与主题的大众化程度没有直接的关联。

虽然最为大众化的健康科普类视频播放量最高，但是偏小众化的自然科普与科普综合类的热门视频播放量均高于偏大众化的社会科普类内容播放量，这说明自然科普类视频有相当一部分忠实粉丝群（图10-7）。

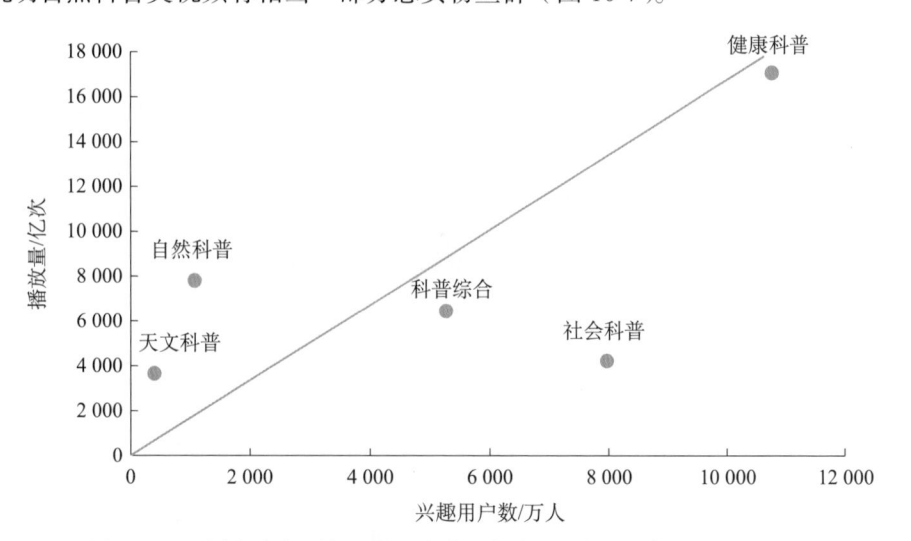

图 10-7　不同内容主题的兴趣用户数量与该主题热门视频播放量的关系

第二节 西瓜科普视频数据分析

一、2021 年西瓜科普视频资源

2021 年 7～12 月，西瓜视频的科普视频发布量呈波动上升的趋势。发布视频最多的月份为 12 月（图 10-8）。

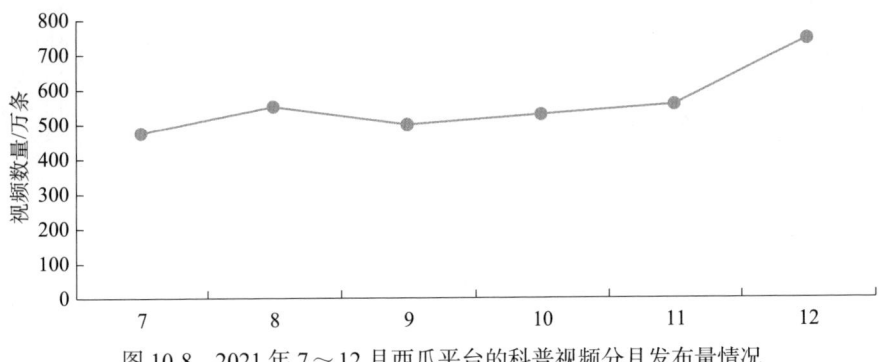

图 10-8 2021 年 7～12 月西瓜平台的科普视频分月发布量情况

二、西瓜科普视频播放时长

从播放量与播放时长来看，每月的视频内容的播放时长在 7～12 月呈现下降趋势，月度播放时长与播放量均在 11 月最低（图 10-9）。

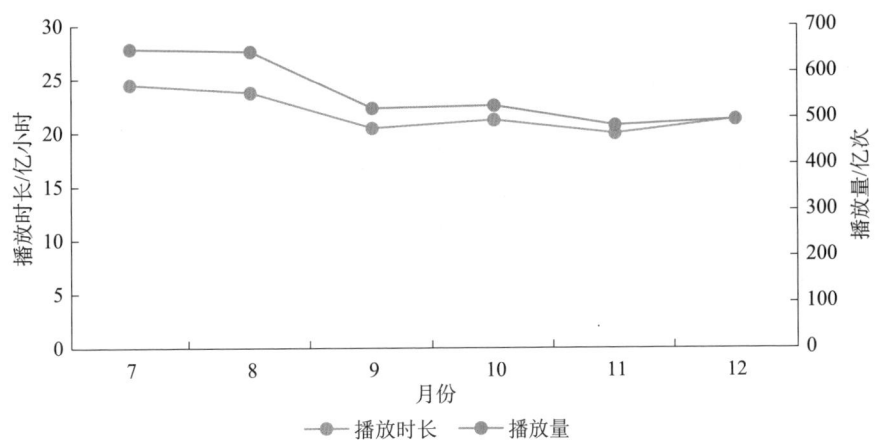

图 10-9 2021 年 7～12 月西瓜平台的科普视频分月发布视频播放时长与播放量

三、西瓜科普视频互动量

西瓜科普视频的互动量在 2021 年 7～12 月均保持稳定。点赞量与评论量最高出现在 8 月，转发量最高出现在 7 月（图 10-10）。

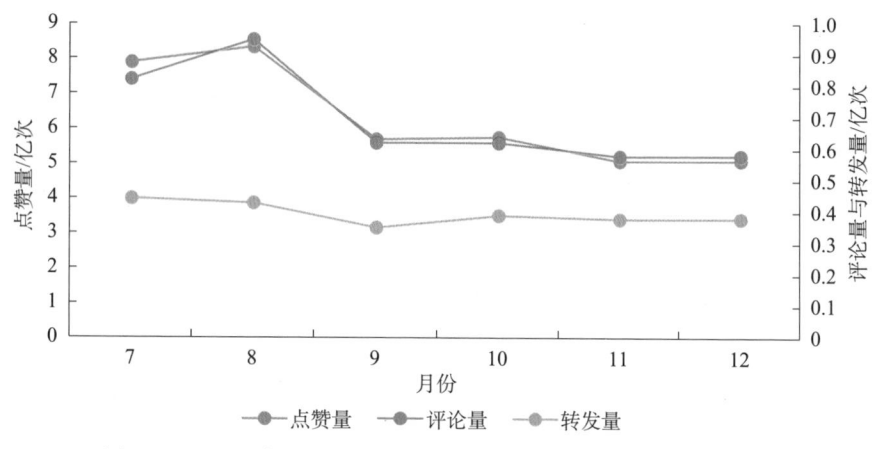

图 10-10 2021 年 7～12 月西瓜平台科普视频的月度互动变化趋势

第三节 今日头条科普图文分析

一、科普图文发布量

2021 年 7～12 月今日头条科普图文发布呈现较为稳定的趋势，其中 12 月发布的科普图文内容最多（图 10-11）。

二、科普图文阅读量与停留时长

2021 年 7～12 月，今日头条科普图文阅读次数与停留时长随时间波动较大，呈现波动式下降的趋势。阅读次数最高出现在 7 月，最低出现在 12 月。停留时长最高出现在 7 月，最低出现在 12 月（图 10-12）。

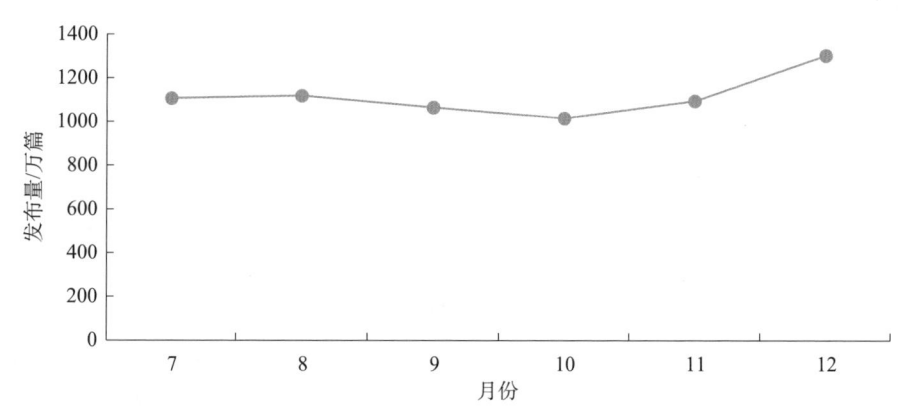

图 10-11　2021 年 7～12 月今日头条科普图文分月发布变化趋势

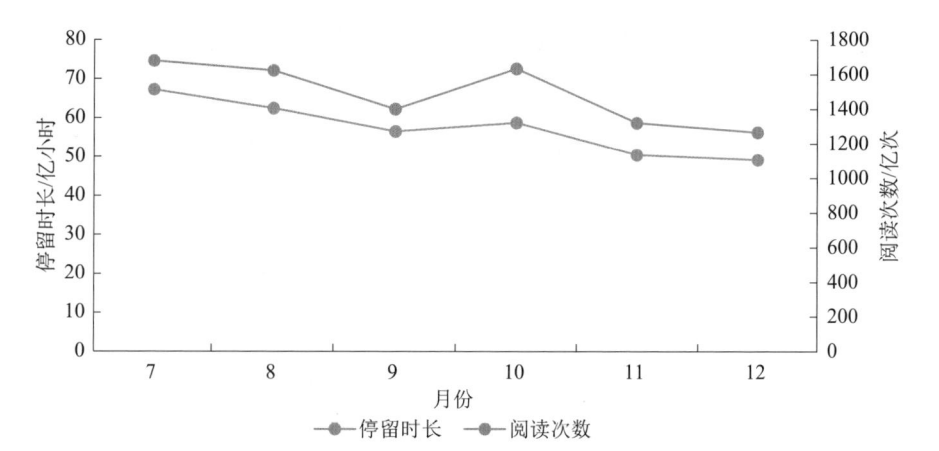

图 10-12　2021 年 7～12 月今日头条科普图文分月阅读次数与停留时长变化趋势

三、今日头条科普图文互动量

今日头条科普图文的互动量在 2021 年 7～12 月均保持稳定。点赞量与评论量最高出现在 7 月，转发量最高出现在 8 月（图 10-13）。

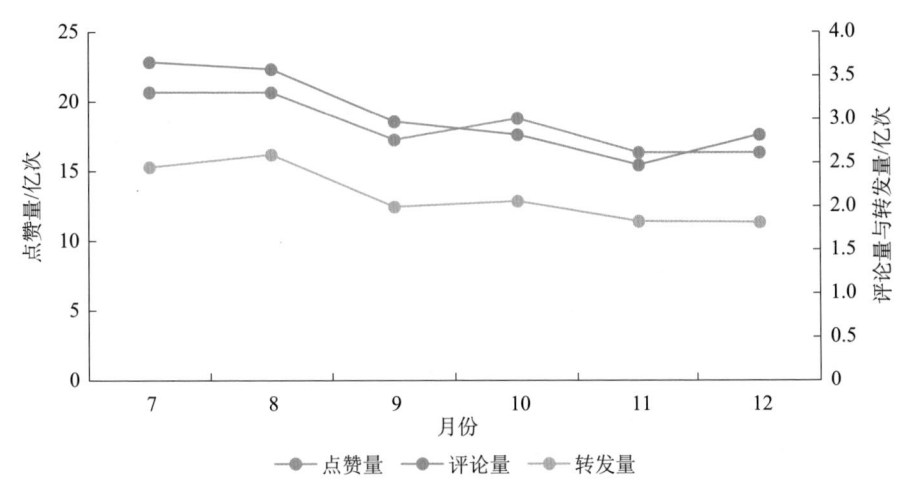

图 10-13　2021 年 7～12 月今日头条科普图文月度互动量变化趋势

第十一章 ■■■■■■

抖音、今日头条、西瓜视频平台创作者数据分析报告

本报告对巨量算数提供的抖音、今日头条、西瓜视频三个平台上的科普创作者的数量、粉丝数量以及性别、年龄、所在地域等数据进行了分析。巨量算数提供的数据显示，今日头条平台创作者数据包含了今日头条图文和西瓜视频的创作者数据。

第一节 抖音创作者数据分析

根据抖音平台的不完全统计，本报告对 4 万余名创作者的作品、粉丝等进行了分析。

一、2021 年抖音科普视频创作者

（一）创作者人数与粉丝数量

数据显示，抖音平台科普创作者中健康科普类视频创作者占 35.48%，社会科普类视频创作者占 34.00%，科普综合类视频创作者占 25.80%，自然科普类视频创作者占 3.23%，天文科普类视频创作者占 1.30%。科普创作者粉丝数量分布与内容题材分布有所不同，其中天文科普类视频创作者的平均粉丝数量较高，为 21.44 万人（图 11-1）。

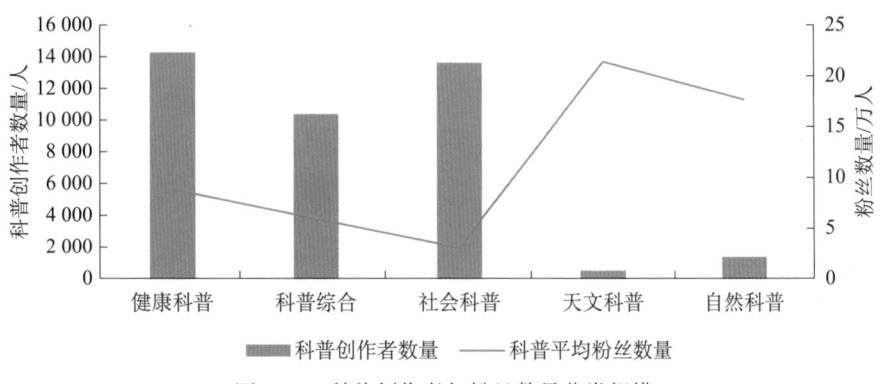

图 11-1　科普创作者与粉丝数量分类规模

（二）创作者累计粉丝量分布

科普创作者累计粉丝数量分布非常集中，主要集中在 5 万人以下这个区段。粉丝超过 1000 万人的创作者占 0.02%，粉丝 100 万～1000 万人的创作者占 1.02%，粉丝 50 万～100 万人的创作者占 1.49%，粉丝 5 万～50 万人的创作者占 19.03%，粉丝 1 万～5 万人的创作者占 49.79%，粉丝不足 1 万人的创作者占 40.44%（图 11-2）。

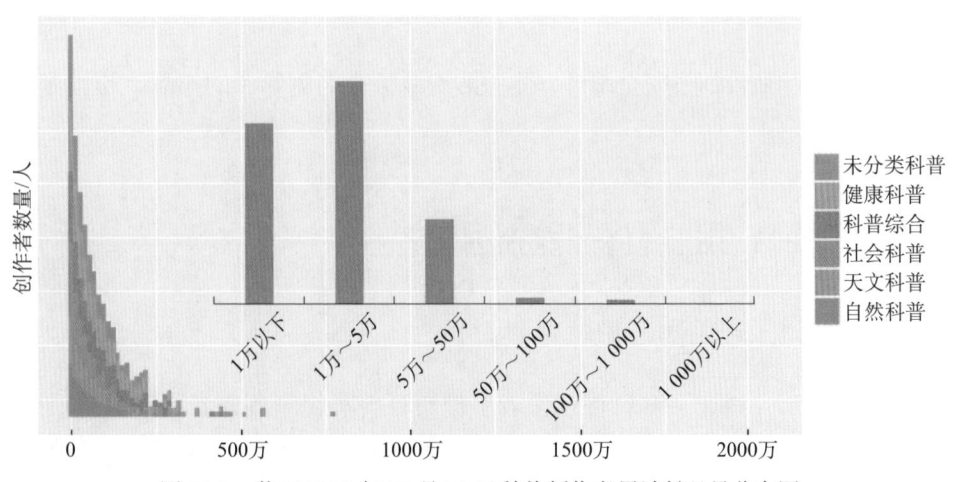

图 11-2　截至 2021 年 12 月 31 日科普创作者累计粉丝量分布图

（三）创作者粉丝增长曲线

粉丝增长曲线反映了 4 万余名创作者的粉丝数与其 2021 年全年涨粉数量

的关系。数据显示，在创作者成长的不同阶段，其涨粉速度呈现一定规律：刚入门的创作者，涨粉速度逐渐加快；粉丝超过 3000 人后，涨粉速度逐渐减缓乃至停滞，会遭遇一定的成长瓶颈期；粉丝数量超过 2 万后，涨粉速度重新开始加快；粉丝数超过百万后，影响涨粉的不确定因素增加（图 11-3）。

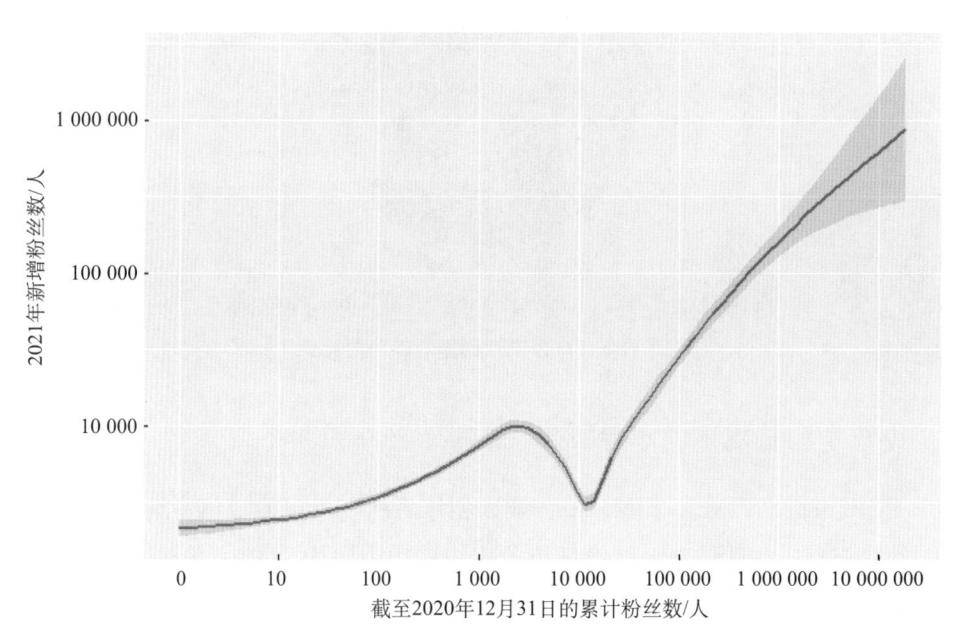

图 11-3 不同粉丝量的创作者在 2021 年的粉丝增长曲线

二、科普视频创作者画像

（一）抖音科普视频创作者中男性占大多数

科普视频创作者性别呈现以男性占多数的情况，男性创作者占比 60.56%，女性创作者占比 39.44%（图 11-4）。

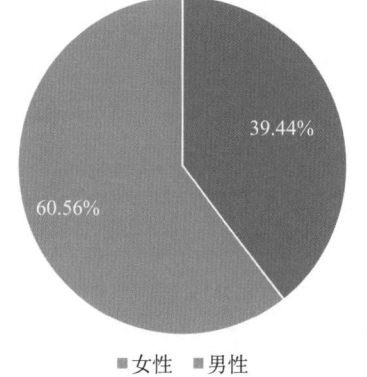

图 11-4 科普视频创作者的性别比例

（二）31～40 岁年龄段的科普视频创作者较多

科普视频创作者的年龄以 31～40 岁为主，占比 46.78%，占比最低的人群为 50 岁以上人群，占比 4.79%（图 11-5）。

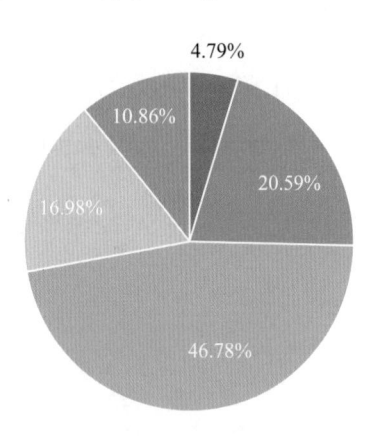

■18~23岁　■24~30岁　■31~40岁　■41~50岁　■50岁以上

图 11-5　科普视频创作者的年龄比例

（三）科普视频创作者所在城市等级分布较为平均

按城市级别①分布来看，科普视频创作者所在最多的城市为新一线城市，占比 23.79%。一线城市、二线城市、三线城市占比均为 18% 左右，占比最低的为五线及以下城市，为 6.97%（图 11-6）。

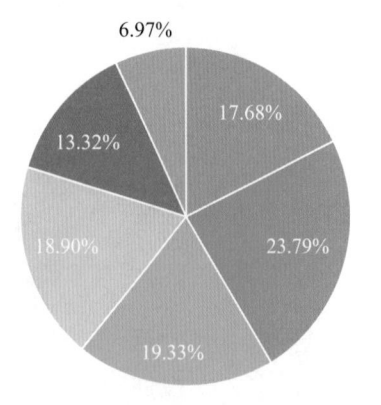

■一线城市　■新一线城市　■二线城市　■三线城市
■四线城市　■五线及以下城市

图 11-6　科普视频创作者分城市级别的占比情况

---

① 城市分级依据"第一财经"发布的 2021 城市商业魅力排行榜。

以下为科普视频创作者所在的省份及城市排名。排名前三名的省份为广东省、河南省、山东省，排名前三名的城市为北京市、郑州市、广州市（表11-1）。

表 11-1 科普视频创作者所在省份及城市前十位

排名	所在省份	排名	所在城市
1	广东	1	北京
2	河南	2	郑州
3	山东	3	广州
4	北京	4	深圳
5	江苏	5	上海
6	浙江	6	成都
7	河北	7	杭州
8	四川	8	长沙
9	湖南	9	济南
10	福建	10	西安

三、累计粉丝数前十名的科普视频创作者

截至 2021 年 12 月 31 日，累计粉丝数排名前十位的科普视频创作者及创作者推荐如表 11-2 所示。

表 11-2 累计粉丝数前十名的科普视频创作者

分类	创作者名称	创作者推荐	截至 2021 年 12 月 31 日的累计粉丝数/万人
自然科普	无穷小亮的科普日常	IP：北京 认证：优质科普自媒体、年度高光时刻作者 从属单位：《博物》杂志 热门科普视频作品：网络热门生物鉴定系列 橱窗：有	2049.99

分类	创作者名称	创作者推荐	截至 2021 年 12 月 31 日的累计粉丝数 / 万人
科普综合	仙鹤大叔张文鹤	IP：北京 认证：健康知识创作者 从属单位：北京三甲公立医院 热门科普视频作品：仙鹤大叔的医院系列	1957.15
科普综合	这不科学啊	IP：福建 认证：科普自媒体 热门科普视频作品：化学实验真奇妙系列	1622.55
天文科普	科学旅行号	IP：北京 认证：优质科普自媒体 热门科普视频作品：地球的历史与文明系列	1457.16
自然科普	绝密研究所所长	IP：重庆 认证：优质科普自媒体 热门科普视频作品：八大地球奇观系列 橱窗：有	1285.44
健康科普	养生堂	IP：北京 认证：北京卫视《养生堂》节目官方抖音账号 从属单位：北京卫视 热门科普视频作品：中医调养系列	1101.21
科普综合	Ethan 清醒思考	认证：优质视频创作者 热门科普视频作品：心理学系列 橱窗：有	955.07
健康科普	骨往筋来	IP：江苏 热门科普视频作品：中老年锻炼系列 橱窗：有 直播：有	837.25
自然科普	地理老师王小明	IP：浙江 热门科普视频作品：中国趣味地图系列 橱窗：有	781.29
健康科普	妇产科牛诤医生	IP：杭州 从属单位：杭州市第一人民医院 热门科普视频作品：疫情的日常防护系列	769.28

四、2021 年新增粉丝数前十名的科普视频创作者

2021 年新增粉丝数排名前十位的科普视频创作者及创作者推荐如表 11-3 所示。

表 11-3　2021 年新增粉丝数前十名的科普视频创作者

分类	创作者	创作者推荐	截至 2021 年 12 月 31 日的累计粉丝数 / 万人	2021 年粉丝增量 / 万人
自然科普	无穷小亮的科普日常	IP：北京 认证：优质科普自媒体、年度高光时刻作者 从属单位：《博物》杂志 热门科普视频作品：网络热门生物鉴定系列 橱窗：有	2049.99	945.57
自然科普	绝密研究所所长	IP：重庆 认证：优质科普自媒体 热门科普视频作品：八大地球奇观系列 橱窗：有	1285.44	910.28
科普综合	这不科学啊	IP：福建 认证：科普自媒体 热门科普视频作品：化学实验真奇妙系列	1622.55	402.46
健康科普	皮肤科教授张堂德	IP：广东 认证：南方医科大学珠江医院皮肤科主任医师 从属单位：南方医科大学珠江医院 热门科普视频作品：皮肤科医生的红黑榜系列	634.70	401.00
健康科普	皮肤科教授孙广政	IP：广东 认证：广州市第一人民医院皮肤科副主任医师 从属单位：广州市第一人民医院 热门科普视频作品：痘痘处理系列	373.95	373.95
健康科普	皮肤科胡云峰主任	IP：广东 认证：暨南大学附属第一医院皮肤科副主任医师 从属单位：暨南大学附属第一医院 热门科普视频作品：荨麻疹合集	355.22	355.22
科普综合	我是小魔	IP：北京 科普内容简介：粮食科普 热门科普视频作品：过年饭桌有的聊合集	461.89	289.99
健康科普	曹健锋医生	IP：江苏 认证：徐州市中心医院重症医学科主任医师 从属单位：徐州市中心医院 热门科普视频作品：心肺复苏系列	333.01	269.03
天文科普	科学旅行号	IP：北京 认证：优质科普自媒体 热门科普视频作品：地球的历史与文明系列	1457.16	265.49

第二节 今日头条、西瓜视频创作者数据分析

根据巨量算数提供的数据，对 1 万余名抖音认定的今日头条 / 西瓜视频科普创作者、粉丝数等进行分析。今日头条图文与西瓜视频创作者账号已合并，在本节中统称为"今日头条科普创作者"。

一、今日头条科普创作者

数据显示，今日头条科普创作者中粉丝数超过百万的占 0.26%，粉丝数超 10 万的占 4.77%，粉丝数过万的占 18.33%。今日头条科普创作者的粉丝呈现非常集中的趋势，近 90% 的创作者粉丝数量低于 5000 人（图 11-7）。

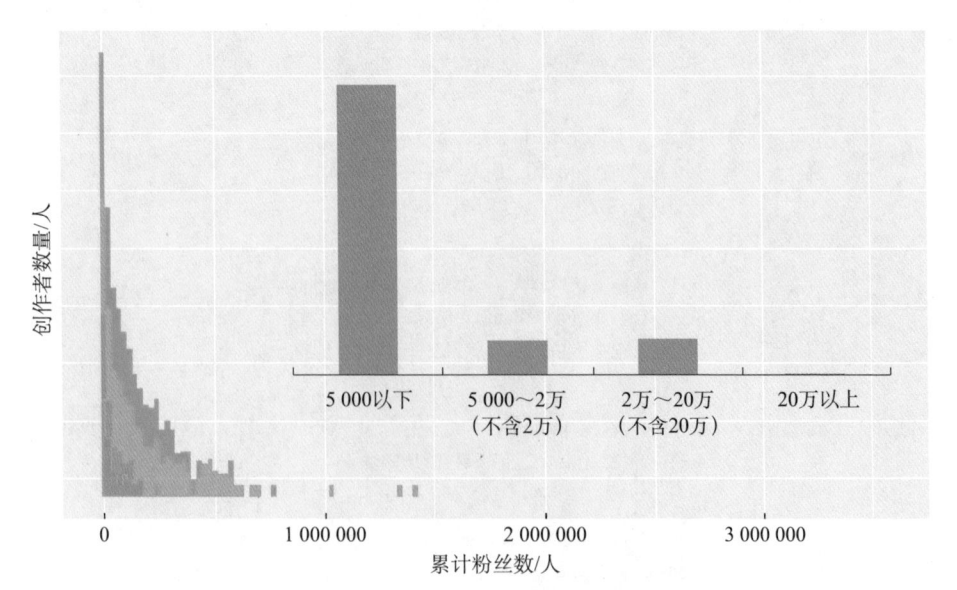

图 11-7 截至 2021 年 12 月 31 日今日头条科普创作者粉丝分布图

二、今日头条科普创作者画像

（一）今日头条科普创作者中近八成是男性

今日头条科普创作者的性别呈现以男性占大多数的情况，男性创作者占78.84%，女性创作者占 21.16%（图 11-8）。

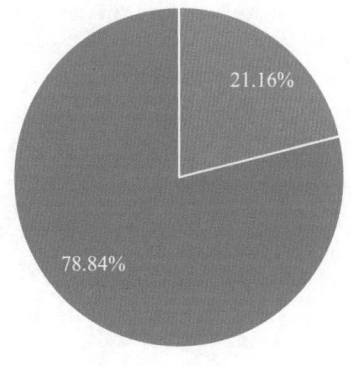

■女性 ■男性

图 11-8 今日头条创作者的性别分布

（二）24～40 岁的今日头条科普创作者占大多数

今日头条科普创作者的年龄以 24～40 岁为主，其中 24～30 岁的创作者占比 37.47%，31～40 岁的创作者占比 38.28%（图 11-9）。

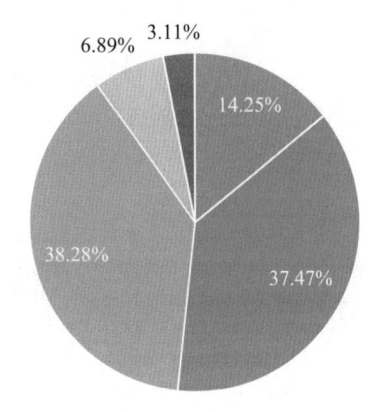

■18～23岁 ■24～30岁 ■31～40岁 ■41～50岁 ■50岁以上

图 11-9 今日头条创作者的年龄分布

（三）今日头条科普创作者集中在经济发展程度较高的城市

表 11-4 为头条科普创作者所在省份、城市分布前十名。其中，创作者所在省份排名前三位的为广东省、山东省、北京市，所在城市排名前三位的为北京市、上海市、深圳市。

表 11-4　今日头条创作者所在省份和城市前十位

排名	所在省份	排名	所在城市
1	广东	1	北京
2	山东	2	上海
3	北京	3	深圳
4	河南	4	成都
5	江苏	5	广州
6	河北	6	郑州
7	浙江	7	杭州
8	四川	8	重庆
9	上海	9	西安
10	福建	10	长沙

三、今日头条科普创作者累计粉丝前十名

今日头条创作者累计粉丝前十名中，粉丝量最高的创作者 EyeOpener 的粉丝达到 356.85 万人，粉丝数量最低的创作者"中国气象爱好者"的粉丝为170.60 万人（表 11-5）。

表 11-5　今日头条科普创作者累计粉丝前十名

创作者名称	创作者认证	截至 2021 年 12 月 31 日的累计粉丝数 / 万人
EyeOpener	优质科学领域创作者	356.85
中国天气网	中国天气网官方账号 优质本地资讯领域创作者	313.98
别小齐	优质生活领域创作者	232.34

续表

创作者名称	创作者认证	截至 2021 年 12 月 31 日的累计粉丝数 / 万人
美吉元创	无	216.26
科技袁人袁岚峰	中国科学技术大学副研究员 科技与战略风云学会会长	214.11
奥卡姆剃刀	2021 百大人气创作者 通信专业博士 中国科普作家协会会员	208.13
独孤轩辕策	无	196.40
科学旅行号	优质科学领域创作者	184.86
三一博士	2021 百大人气创作者 知名科学领域创作者	178.70
中国气象爱好者	知名科学领域创作者	170.60

第十二章 ■■■■■■
抖音、西瓜视频、今日头条平台兴趣用户数据分析报告

　　本报告针对巨量算数提供的抖音、今日头条、西瓜视频三个平台上的科普兴趣用户相关数据，分别对其用户量、播放量、互动量以及性别、年龄、所在地域等画像数据进行了分析。兴趣用户是指点赞科普创作者发布的视频 2 次及以上的用户。

第一节　抖音平台的科普兴趣用户数据分析

一、2021 年抖音平台的科普兴趣用户

1. 抖音平台的科普兴趣用户数量

2021 年 1～12 月，抖音平台的科普兴趣用户数量呈现波动式上升趋势。兴趣用户数量最低值出现在 2 月，最高值出现在 12 月（图 12-1）。

2. 抖音平台科普兴趣用户的播放量

2021 年 1～12 月，抖音平台科普兴趣用户的播放量呈现波动式上升趋势，播放量最低值出现在 2 月，最高值出现在 12 月（图 12-2）。

3. 抖音平台科普兴趣用户的互动量

2021 年 1～12 月，抖音平台科普兴趣用户的互动量呈现波动式发展趋势。互动量最低值出现在 2 月，最高值出现在 12 月（图 12-3）。

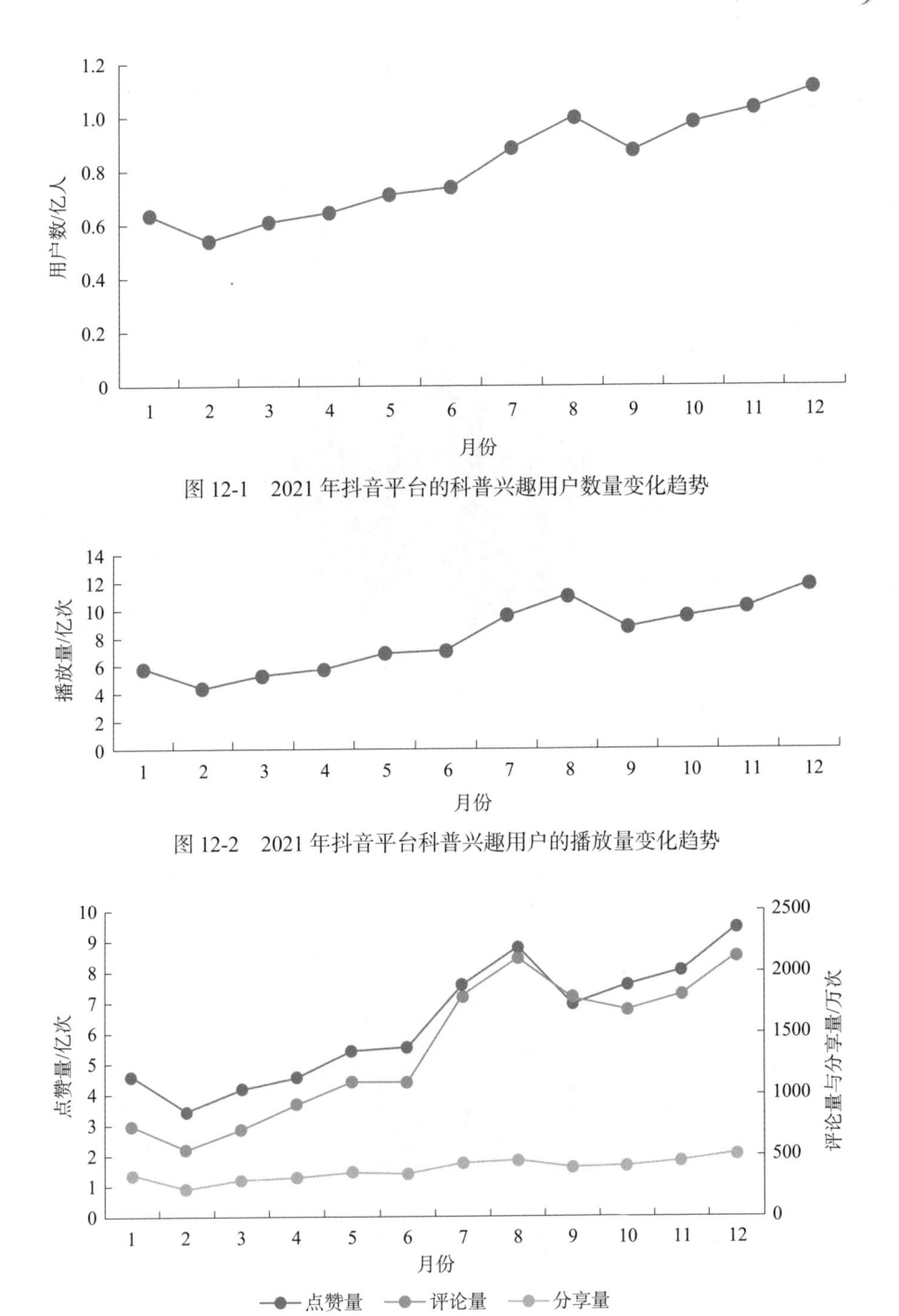

图 12-1　2021 年抖音平台的科普兴趣用户数量变化趋势

图 12-2　2021 年抖音平台科普兴趣用户的播放量变化趋势

图 12-3　2021 年抖音平台科普兴趣用户的互动量变化趋势

二、2021 年抖音平台科普兴趣用户画像

（一）抖音平台科普兴趣用户中男女比例相近，男性略多

抖音平台科普兴趣用户性别呈现男女比例相近、男性略多的情况，男性占比 53.00%，女性占比 47.00%（图 12-4）。

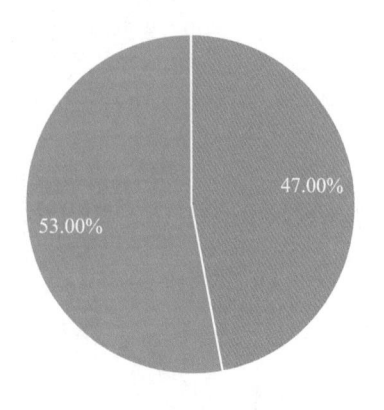

■女性 ■男性

图 12-4　抖音平台科普兴趣用户的性别占比

（二）抖音平台科普兴趣用户中 31～40 岁人群占比最高

抖音平台科普兴趣用户的年龄以 31～40 岁区段占比最高，占比 27.43%。其次是 50 岁以上人群，占比 22.84%。占比最低的为 18～23 岁人群，占比 13.77%（图 12-5）。

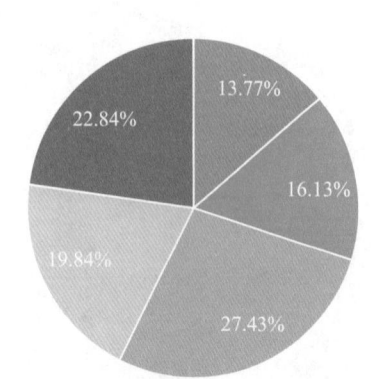

■18～23岁　■24～30岁　■31～40岁　■41～50岁　■50岁以上

图 12-5　抖音平台科普兴趣用户年龄占比

（三）三线城市抖音平台科普兴趣用户占比最高

按城市级别分布来看，三线城市的抖音平台科普兴趣用户占比最高，为25.00%。其次是新一线、二线与四线城市的抖音平台科普兴趣用户，占比均为18.00%。占比最低的为一线城市的抖音平台科普兴趣用户，仅占比8.00%（图12-6）。

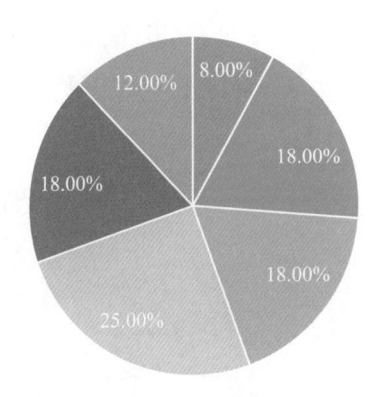

一线城市　新一线城市　二线城市　三线城市
四线城市　五线及以下城市

图12-6　抖音平台科普兴趣用户的城市分级占比

第二节　西瓜平台科普兴趣用户数据分析

一、西瓜平台科普兴趣用户

1. 西瓜平台科普兴趣用户数量

2021年9～12月，西瓜平台科普兴趣用户数量呈现下降趋势，最低值出现在12月，最高值出现在9月（图12-7）。

2. 西瓜平台科普兴趣用户播放量

2021年9～12月，西瓜平台科普兴趣用户播放量呈现平稳趋势，最低值出现在12月，最高值出现在10月（图12-8）。

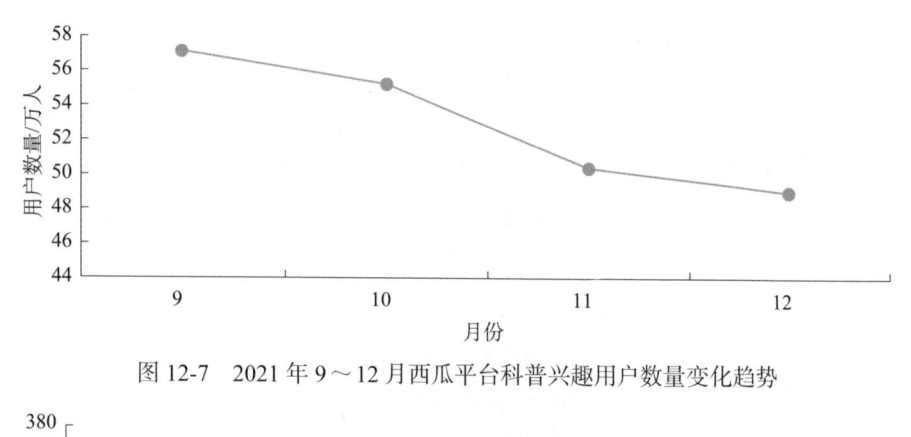

图 12-7　2021 年 9～12 月西瓜平台科普兴趣用户数量变化趋势

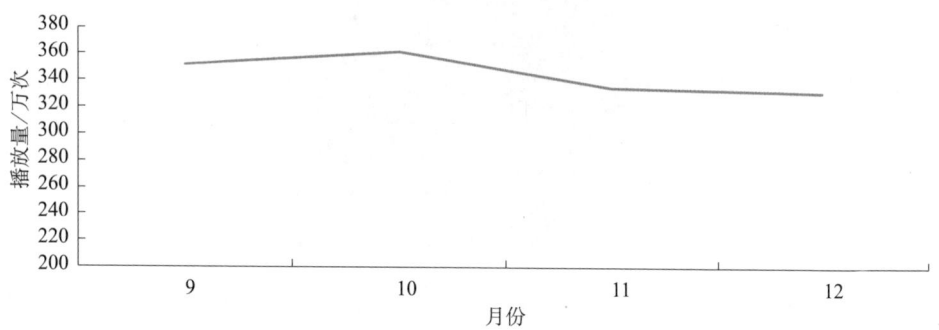

图 12-8　2021 年 9～12 月西瓜平台科普兴趣用户播放量变化趋势

3. 西瓜平台科普兴趣用户互动量

2021 年 9～12 月，西瓜平台科普兴趣用户各月的互动量呈现下降趋势，最低值出现在 12 月，最高值出现在 10 月（图 12-9）。

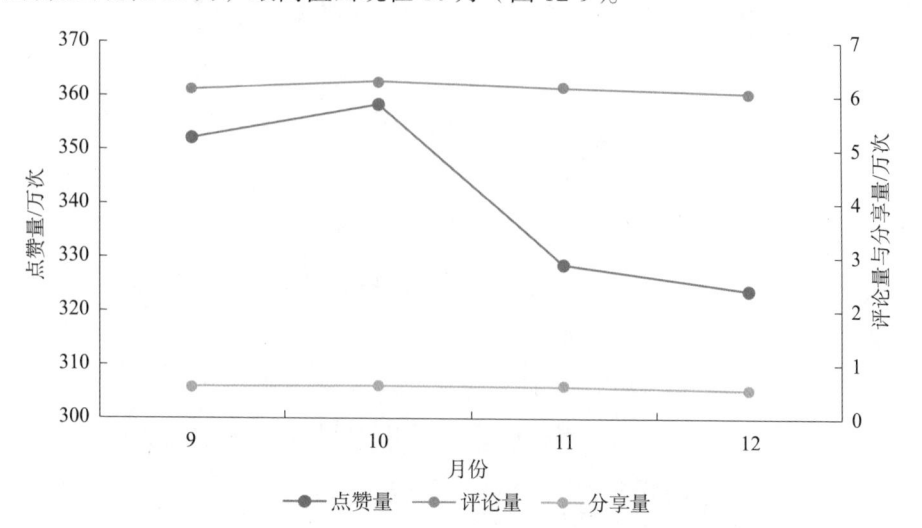

图 12-9　2021 年 9～12 月西瓜平台科普兴趣用户的互动量变化趋势

二、西瓜平台科普兴趣用户画像

（一）西瓜平台科普兴趣用户中男性占七成

从性别角度看，西瓜平台的科普兴趣用户大多数为男性，占比 69.28%，女性占比 30.72%（图 12-10）。

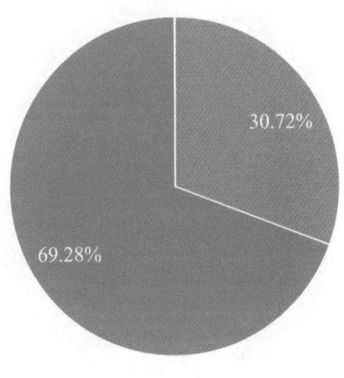

■女性 ■男性

图 12-10 西瓜平台科普兴趣用户的性别分布

（二）31～40 岁群体在西瓜平台科普兴趣用户中的占比达到一半以上

31～40 岁群体在西瓜平台科普兴趣用户中排名第一，占比达到 52.75%。其次是 50 岁以上群体，占比达到 18.90%。占比最低的群体为 18～23 岁群体，占比 5.92%（图 12-11）。

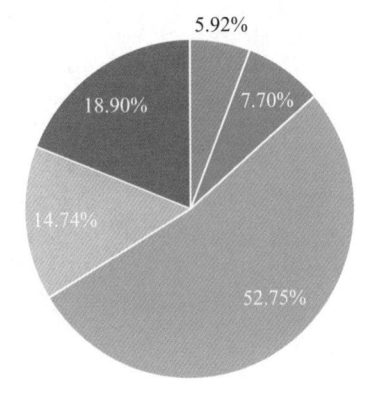

■18～23岁 ■24～30岁 ■31～40岁 ■41～50岁 ■50岁以上

图 12-11 西瓜平台科普兴趣用户年龄分布

（三）三线城市的西瓜平台科普兴趣用户占比最高

按城市级别分布来看，三线城市的西瓜平台科普兴趣用户占比最高，为25.03%。其次是新一线、二线与四线城市的用户，占比均超过17%。占比最低的是一线城市用户，仅8.77%（图12-12）。

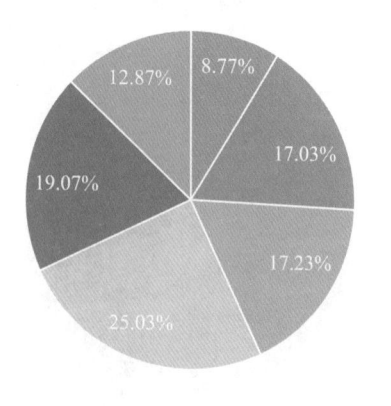

■一线城市 ■新一线城市 ■二线城市 ■三线城市
■四线城市 ■五线及以下城市

图12-12　西瓜平台科普兴趣用户城市分级分布

表12-1为西瓜平台科普兴趣用户所在省份及城市前十位。

表12-1　西瓜平台科普兴趣用户所在省份及城市前十位

排名	所在省份	排名	所在城市
1	广东	1	北京
2	山东	2	上海
3	河南	3	重庆
4	江苏	4	广州
5	河北	5	成都
6	四川	6	深圳
7	浙江	7	天津
8	安徽	8	东莞
9	湖南	9	武汉
10	湖北	10	苏州

第三节　今日头条平台科普兴趣用户数据分析

一、今日头条平台科普兴趣用户

1. 今日头条平台科普兴趣用户数量

数据显示，2021年9～12月，今日头条平台科普兴趣用户数量呈现波动趋势，最低值出现在12月，最高值出现在10月（图12-13）。

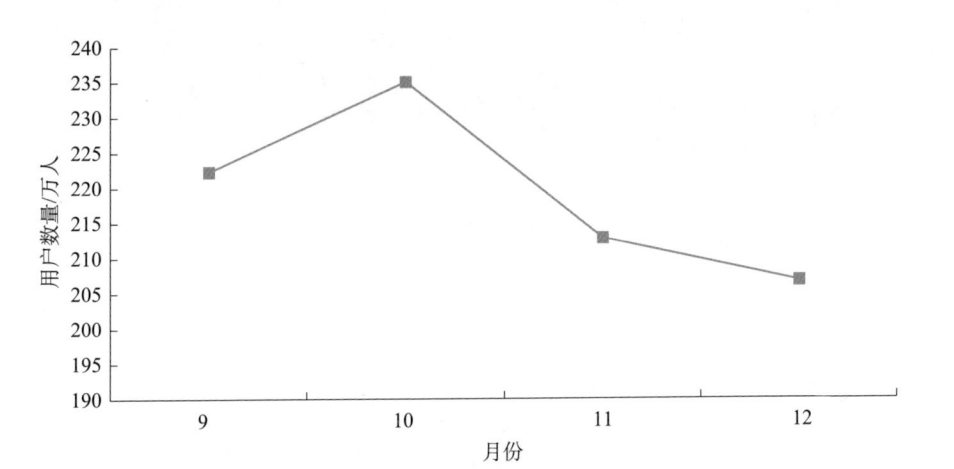

图12-13　2021年9～12月今日头条平台科普兴趣用户数量变化趋势

2. 今日头条平台科普兴趣用户播放量

2021年9～12月，今日头条平台科普兴趣用户播放量呈现波动趋势，最低值出现在12月，最高值出现在10月（图12-14）。

3. 今日头条平台科普兴趣用户互动量

2021年9～12月，今日头条平台科普兴趣用户互动量呈现波动较大的趋势。点赞量最高值出现在10月，最低值出现在12月；评论量最高值出现在12月，最低值出现在9月；转发量最高值出现在9月，最低值出现在11月（图12-15）。

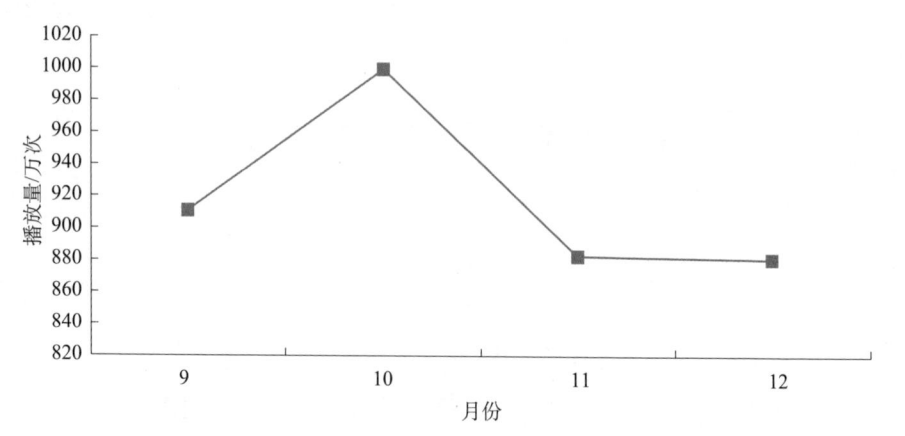

图 12-14　2021 年 9～12 月今日头条平台科普兴趣用户播放量变化趋势

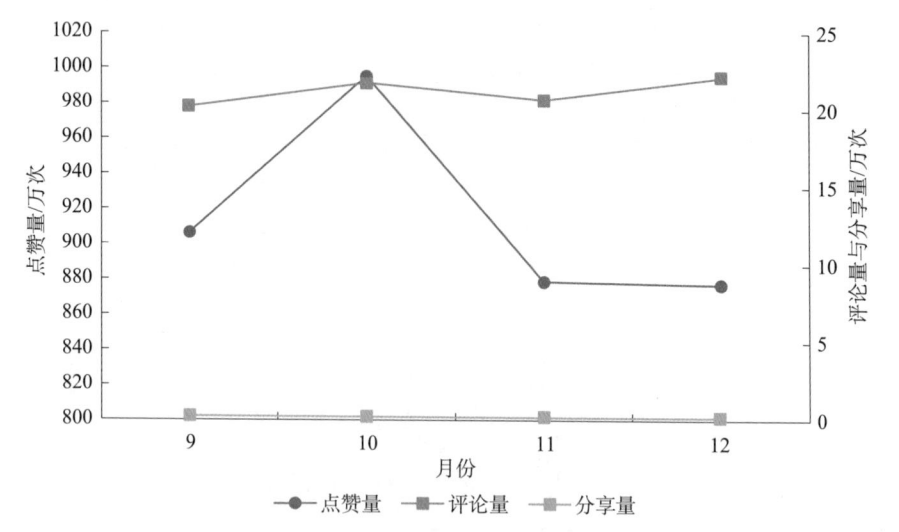

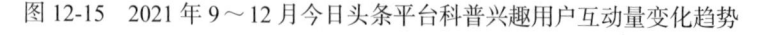

图 12-15　2021 年 9～12 月今日头条平台科普兴趣用户互动量变化趋势

二、今日头条平台科普兴趣用户画像

1. 今日头条平台科普兴趣用户中男性占八成

从性别角度看，今日头条平台科普兴趣用户大多数为男性，占比 80.75%，女性占比 19.25%（图 12-16）。

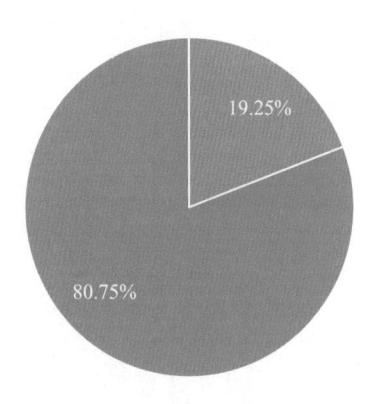

■女性　■男性

图 12-16　今日头条平台科普兴趣用户的性别分布

2. 今日头条平台科普兴趣用户中 31～40 岁群体与 50 岁以上群体均占比较高

今日头条平台科普兴趣用户中，31～40 岁群体与 50 岁以上群体均占比较高，其中 31～40 岁群体占比 34.36%，50 岁以上群体占比 34.27%。占比最低的群体为 18～23 岁群体，为 2.74%（图 12-17）。

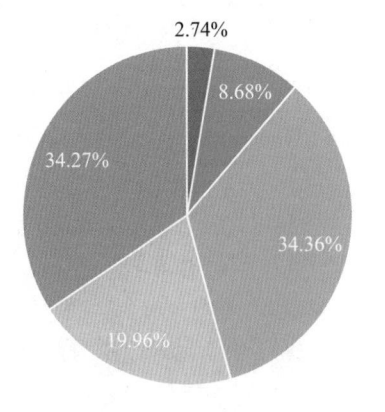

■18～23岁　■24～30岁　■31～40岁　■41～50岁　■50岁以上

图 12-17　今日头条平台科普兴趣用户年龄分布

3. 新一线、三线、二线城市的今日头条平台科普兴趣用户数量排名前三

今日头条平台科普兴趣用户分布情况较为平均，其中新一线城市占比最高，为 21.51%。五线及以下城市占比最低，为 10.13%（图 12-18）。

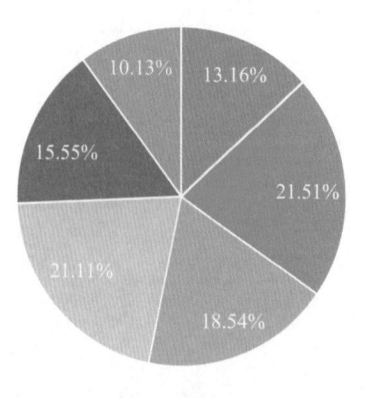

■一线城市 ■新一线城市 ■二线城市 ■三线城市
■四线城市 ■五线及以下城市

图 12-18　今日头条平台科普兴趣用户城市分级分布

今日头条平台科普兴趣用户所在省份及城市前十位如表 12-2 所示。

表 12-2　今日头条平台科普兴趣用户所在省份及城市前十位

排名	所在省份	排名	所在城市
1	广东	1	北京
2	山东	2	上海
3	江苏	3	广州
4	河南	4	深圳
5	四川	5	成都
6	河北	6	重庆
7	浙江	7	武汉
8	湖北	8	天津
9	北京	9	西安
10	上海	10	东莞

附 录

附录一 "科普中国"用户满意度调查问卷

1. 您对我们的服务总体上满意吗？（满意度参考值）

A. 很满意　　B. 满意　　C. 一般　　D. 不满意　　E. 很不满意

2. 您对我们的图文、视频、游戏等内容的科学性满意吗？（科学性）

A. 很满意　　B. 满意　　C. 一般　　D. 不满意　　E. 很不满意

3. 您对这些内容的趣味性满意吗？（趣味性）

A. 很满意　　B. 满意　　C. 一般　　D. 不满意　　E. 很不满意

4. 您对这些内容的丰富程度满意吗？（丰富性）

A. 很满意　　B. 满意　　C. 一般　　D. 不满意　　E. 很不满意

5. 我们希望您感到科学对普通人是有用的，您对这方面内容满意吗？（有用性）

A. 很满意　　B. 满意　　C. 一般　　D. 不满意　　E. 很不满意

6. 社会热点话题也能用科学的手法来表现，您对这方面内容满意吗？（时效性）

A. 很满意　　B. 满意　　C. 一般　　D. 不满意　　E. 很不满意

7. 您对访问我们的网站、页面或链接的便捷性满意吗？（便捷性）

A. 很满意　　B. 满意　　C. 一般　　D. 不满意　　E. 很不满意

8. 您对我们的图文、视频、游戏等的设计制作水平满意吗？（可读性）

A. 很满意　　B. 满意　　C. 一般　　D. 不满意　　E. 很不满意

9. 在阅读、浏览、互动、分享等过程中，您对界面和操作的易用性满意吗？（易用性）

A. 很满意　　B. 满意　　C. 一般　　D. 不满意　　E. 很不满意

10. 在寻找感兴趣的内容时，您对分类搜索或优先推荐的准确性满意吗？

（准确性）

　　A. 很满意　　B. 满意　　C. 一般　　D. 不满意　　E. 很不满意

11. 浏览我们的内容后，您有何收获？

　　A. 非常同意　　B. 同意　　C. 不确定　　D. 不同意　　E. 非常不同意

（1）我获取了优质的科学信息。（关注）

（2）我从中体会到了科学的乐趣。（乐趣）

（3）我对一些科学问题产生了兴趣。（兴趣）

（4）我对一些科学问题有了更深的理解。（理解）

（5）我对一些科学问题形成了自己的看法。（观点）

12. 网络上科学信息的来源有很多，您对我们的态度是？

　　A. 非常同意　　B. 同意　　C. 不确定　　D. 不同意　　E. 非常不同意

（1）我相信这里的科学内容都是真实可靠的。（认知信任）

（2）我会把这里的科学内容推荐给我的家人。（情感信任）

附录二 科普创作者调查问卷

基础题（5）

1. 您的性别是（　　　）

A. 男

B. 女

2. 您的年龄区间是（　　　）

A. "00 后"

B. "90 后"

C. "80 后"

D. "70 后"

E. "60 后"

F. 其他

3. 您的最高学历是（　　　）

A. 初中及以下

B. 高中

C. 大专

D. 本科

E. 研究生及以上

4. 您现在的工作城市是（　　　）

（＿＿＿＿＿＿）省（＿＿＿＿＿＿）市

5. 您目前的职业身份是（　　　）

A. 专业从事科普的创作者

B. 中小学及高校教师

C. 科研院所工作人员

D. 媒体从业人员

E. 科技馆、博物馆等场馆工作人员

F. 医院、医疗机构工作人员

G. 其他事业单位专业技术人员

H. 企业专业技术人员

I. 离退休科技工作者

J. 学生

K. 其他（_____）

分选题（1）

6.您创作的科普作品形式为（   ）(可多选，*标注题目仅选项有A可见，# 标注题目仅选项有 B 可见，% 标注题目选项有 B 不可见）

A. 图文

B. 视频

单选题（12）

7.您最初是在哪里发布科普内容的（   ）

A. 抖音

B. 西瓜视频

C. 今日头条

D. 快手

E. B 站

F. 微博

G. 科普中国

H. 知乎

I. 微信公众号

J. 其他（_____）

8. 您从事科普创作的时间为（   ）

A. 1 年以下

B. 1～3 年（不包括 3 年）

C. 3～5 年（不包括 5 年）

D. 5～10 年（不包括 10 年）

E. 10 年及以上

9. 您的科普作品中播放量超过 10 万的作品数量（　　　）

A. 10 条以下

B. 10～20 条（不包括 20 条）

C. 20～50 条（不包括 50 条）

D. 50～100 条（不包括 100 条）

E. 100 条及以上

10. 您在全网所有平台的粉丝规模为（　　　）

A. 20 万以下

B. 20 万～50 万（不包括 50 万）

C. 50 万～100 万（不包括 100 万）

D. 100 万～500 万（不包括 500 万）

E. 500 万～1000 万（不包括 1000 万）

F. 1000 万及以上

#10. 您创作的单个科普视频平均时长（　　　）

A. 2 分钟以内

B. 2～5 分钟

C. 6～10 分钟

D. 11～30 分钟

E. 30 分钟及以上

#11. 您在平台科普视频更新的频率一般为（　　　）

A. 1 周 4 次及以上

B. 1 周 3 次

C. 1 周 2 次

D. 1 周 1 次

E. 2 周 1 次

F. 1 个月 1 次

G. 其他（＿＿＿＿＿）

*11. 您在平台科普图文更新的频率一般为（　　　）

A. 1 天 2 次及以上

B. 1 天 1 次

C. 2 天 1 次

D. 1 周 2 次

E. 1 周 1 次

F. 其他（＿＿＿＿＿）

12. 您有没有组建专业科普内容创作运营团队（　　　）

A. 有

B. 没有

13. 请问您是否有科学性文本写作或影视传媒类专业学习或培训经历?
（　　　）

A. 有科学性文本写作学习或培训经历

B. 有影视传媒类学习或培训经历

C. 二者皆有

D. 二者皆无

14. 您对本平台在创作方面给予的扶持政策是否满意（　　　）

A. 非常满意

B. 满意

C. 无所谓

D. 不满意

E. 非常不满意

15. 您对从本平台获得的回报是否满意（　　　）

A. 非常满意

B. 满意

C. 无所谓

D. 不满意

E. 非常不满意

16. 您的月均涨粉的速度如何（　　　）

A. 2000 以下

B. 2000～1 万（不包括 1 万）

C. 1 万～5 万（不包括 5 万）

D. 5 万～10 万（不包括 10 万）

E. 10 万～50 万（不包括 50 万）

F. 50 万～100 万（不包括 100 万）

G. 100 万及以上

#17. 您的科普视频条均播放量为（　　　）

A. 20 万以下

B. 20 万～50 万（不包括 50 万）

C. 50 万～100 万（不包括 100 万）

D. 100 万～500 万（不包括 500 万）

E. 500 万～1000 万（不包括 1000 万）

F. 1000 万及以上

*17. 您的单条科普图文条均阅读量为（　　　）

A. 10 万以下

B. 10 万～50 万（不包括 50 万）

C. 50 万～100 万（不包括 100 万）

D. 100 万～500 万（不包括 500 万）

E. 500 万～1000 万（不包括 1000 万）

F. 1000 万及以上

#18. 您的单条科普视频带来的粉丝量为（　　　）

A. 20 万以下

B. 20 万～50 万（不包括 50 万）

C. 50 万～100 万（不包括 100 万）

D. 100 万～500 万（不包括 500 万）

E. 500 万～1000 万（不包括 1000 万）

F. 1000 万及以上

*18. 您的单条科普图文带来的粉丝量为（　　　）

A. 10 万以下

B. 10 万～50 万（不包括 50 万）

C. 50 万～100 万（不包括 100 万）

D. 100 万～500 万（不包括 500 万）

E. 500 万～1000 万（不包括 1000 万）

F. 1000 万及以上

多选题（19）

19. 您最擅长的科普创作领域是（　　　）

A. 农业科普

B. 基础科学（数学、物理、化学等）

C. 航空航天

D. 信息科技

E. 医学健康

F. 军事科普

G. 生态环境

H. 生活百科

I. 科学史与人物

20. 您从事科普创作前的专业背景（　　　）

A. 有相关专业的学习经历

B. 有相关专业的工作经历

C. 就职于相关专业机构或研究单位

D. 有专业学会的会员身份

E. 无相关专业背景

21. 您在发布科普内容前一般会找哪些群体进行科学审核（　　　）

A. 相关领域专业人员

B. 科普工作者

C. 平台编辑

D. 无科学审核

E. 不清楚需要审核流程

22. 您从事科普内容创作的主要原因是（　　　）

A. 出于兴趣爱好

B. 行业准入门槛低

C. 本职工作需要

D. 获取更高的流量

E. 赚取更多利润

F. 成名的想象

G. 其他（＿＿＿＿＿）

23. 您是从何处找寻科普创作选题的（　　　）

A. 社会热点

B. 工作任务

C. 工作学习见闻

D. 大数据平台数据

E. 查找文献

F. 评论与私信

G. 自身专业知识体系

H. 其他（＿＿＿＿＿）

24. 您的科普知识素材主要来源于（　　　）

A. 新闻媒体报道

B. 营利性企业提供的科普内容

C. 临床指南、专家共识

D. 专著、教材

E. 期刊论文

F. 国外科普内容

G. 非营利性政府、高校、非政府组织等提供的科普内容

H. 百科等网络百科全书

I. 自身临床经验

J. 相关医务工作者经验分享

K. 其他自媒体内容

L. 其他（_____）

#25. 您制作科普视频时脚本设计的思路来源有哪些（　　）

A. 自己创意

B. 工作学习流程与场景

C. 使用团队提供的脚本

D. 借鉴理论框架

E. 请教他人经验

F. 参考借鉴他人视频

G. 其他（_____）

26. 您认为在科普垂类中，哪些领域的题材容易成为该平台的热门（　　　）

A. 信息科技

B. 医学健康

C. 军事科普

D. 农业科普

E. 航空航天

F. 生态环境

G. 生活百科

H. 科学史与人物

I. 基础科学

J. 以上都没有

27. 您擅长哪些形式和体裁的科普内容创作（　　　）

A. 真人口述

B. 情景剧

C. 实验

D. 视频＋配音

E. 现场体验

F. 图文

G. 动画 / 模型

H. 其他（_____）

28. 在创作方面，您认为哪些环节是科普创作者特别看重的（   ）

A. 选题

B. 影视素材

C. 创作脚本

D. 科学性文本

E. 脚本的执行

F. 剪辑、配音、特效等后期

29. 整体而言，您认为哪些环节是自己创作中的短板（   ）

A. 选题

B. 影视素材

C. 创作脚本

D. 科学性文本

E. 脚本的执行

F. 剪辑、配音、特效等后期

#30. 您平时制作科普视频常用的脚本类型包括哪些（   ）

A. 多人剧情类

B. 采访类（如双人问答）

C. 单人口播类

D. 虚拟形象塑造（动画等）

E. 实验类（实物或虚拟模型展示）

F. 单纯文字 + 图片播报

G. 视频 + 配音

H. 以上都没有

#31. 您在移动端经常使用的视频制作软件有（   ）

A. 巧影

B. 剪映

C. VUE

D. 快影

E. 快剪辑

H. iMovie

I. 其他（_____）

#32. 您在电脑端经常使用的视频制作软件有（　　　　）

A. Final Cut Pro

B. 会声会影

C. 爱剪辑

D. Adobe After Effects

E. Adobe Premiere Pro

F. Edius

G. iMovie

H. 其他（_____）

33. 影响您更新科普内容频率的主要因素是（　　　　）

A. 科普选题匮乏

B. 制作周期较长

C. 时间精力较为有限

D. 制作经费的制约

E. 相关科普资料获取的难易程度

F. 科普内容的受关注程度

G. 其他（_____）

34. 您认为科普内容创作主要面临的挑战有（　　　　）

A. 科普选题不稳定

B. 盈利模式较为单一

C. 技术进入门槛较高

D. 缺乏用户关注度

E. 粉丝忠诚度较差

F. 相关科普资料获取难

G. 其他（_____）

35. 您从事科普内容创作获取的利润主要用于（   ）

A. 改善生活

B. 提升科普作品水准

C. 提升科普作品产出量

D. 转向其他投资

E. 其他（_____）

#36. 您个人更看重科普视频的哪些要素（   ）（排序题）

A. 播放量

B. 吸粉量

C. 视频收益

D. 社会意义

E. 完播率

F. 其他提升人气的指标

*36. 您个人更看重科普图文的哪些要素（   ）（排序题）

A. 浏览量

B. 吸粉量

C. 收益

D. 社会意义

E. 其他提升人气的指标

%37. 除科普图文外，您有意开展哪种形式的科普创作（   ）

A. 短视频

B. 直播

C. 中长视频

D. 付费内容

E. 其他形式

后 记

　　本书在"中国科普互联网数据报告"系列前5本的基础上进行了结构升级，形成了共计三篇十二章的内容，集中呈现了"科普中国"平台和互联网平台的发展现状，持续呈现了科普舆情报告。

　　本书共三篇，第一篇是"科普中国"平台发展报告，含三章内容，作者是王黎明、钟琦（执笔人：王黎明）；第二篇是互联网科普舆情数据报告，含五章内容，作者是钟琦、马崑翔（执笔人：马崑翔）；第三篇是互联网平台科普数据报告，含四章内容，作者是钟琦、王黎明、马崑翔（执笔人：马崑翔、王黎明）。

　　在此，中国科普互联网数据报告课题组向近7年来与我们合作的各互联网平台及"科普中国"的同事表示衷心的感谢，在你们的支持下，我们用互联网数据反映了中国科普2016～2021年的发展状况，留作史料，以飨读者。

全体作者

2023年3月